高等学校规划教材

物理化学实验

吴慧敏 主编
胡 玮 张干兵 副主编

第二版

WULI HUAXUE
SHIYAN

化学工业出版社
·北京·

内 容 简 介

《物理化学实验》(第二版)在介绍了物理化学实验的目的和要求、实验室安全防护、实验数据的表达和处理后,安排了20个基础实验,涉及化学热力学、化学动力学、电化学、胶体与界面化学和结构化学等内容。为了培养学生的实验设计能力和创新意识,本书列出了6个综合实验。本书在各实验项目中将实验内容、仪器使用方法、实验数据处理、思考题、相关的物性数据集中编写,便于学生预习、复习。

《物理化学实验》(第二版)可作为高等院校化学、化工、材料等专业的教材,也可供从事物理化学实验教学的人员参考。

图书在版编目 (CIP) 数据

物理化学实验/吴慧敏主编. —2版. —北京:化学工业出版社,2021.7(2025.2重印)
高等学校规划教材
ISBN 978-7-122-39092-9

Ⅰ.①物… Ⅱ.①吴… Ⅲ.①物理化学-化学实验-高等学校-教材 Ⅳ.①O64-33

中国版本图书馆 CIP 数据核字(2021)第 081552 号

责任编辑:宋林青　甘九林　　　　　　装帧设计:史利平
责任校对:王鹏飞

出版发行:化学工业出版社(北京市东城区青年湖南街13号　邮政编码100011)
印　　装:北京科印技术咨询服务有限公司数码印刷分部
787mm×1092mm　1/16　印张10　字数241千字　2025年2月北京第2版第4次印刷

购书咨询:010-64518888　　　　　　　　售后服务:010-64518899
网　　址:http://www.cip.com.cn
凡购买本书,如有缺损质量问题,本社销售中心负责调换。

定　　价:28.00元　　　　　　　　　　　　　　　　　　　版权所有　违者必究

前　言

  中国素质教育改革正逐步推进，重视高校物理化学实验不仅有利于提高大学生的问题分析能力和解决能力，还有利于培养大学生的实用性技能，让学生将理论和实践有效结合，全方面提升学生素质及能力，践行应用型人才的培养目标。由本校董超、李建平等编写的《物理化学实验》于2010年出版，已有十年之久，在教学中发挥了良好的作用，得到了国内兄弟院校的认可。随着时代的进步，仪器更新换代，科技前沿也在不断前进，教材的更新也势在必行。

  本教材主要内容包括四个部分。第一部分是绪论，是该教材的引言部分，介绍物理化学实验的目的和要求；实验室的安全防护，实验数据的表达和处理；第二部分为基础实验，包含了20个代表性的基础实验，较全面地涵盖了物理化学的传统实验，任课老师可根据不同学科专业选做相应的实验项目。第三部分为综合实验，所包含的6个实验内容强调综合性和研究性，注重培养学生的实验设计能力和创新意识，学生可以根据自己的兴趣选做不同的实验。第四部分是附录，该部分主要是物理化学实验过程中会用到的实验数据。

  本教材是湖北大学物理化学课程组教师长期实验教学的成果，在编写过程中注重由浅入深，由易到难，既涵盖了典型的传统实验，也反映了现代物理化学的新进展、新技术及与应用密切结合的设计实验，体现了基础性、应用性、综合性与设计性的结合。本教材由吴慧敏、胡玮、张干兵、艾佑宏、钟欣欣等编写。

  本教材编写过程中参考了国内多本相关教材，在此向这些作者表示感谢。

  本教材虽然经过多次修改，但因编者水平有限，难免存在一些不足和疏漏，请读者批评指正。

编者

二〇二一年三月

第一版前言

随着化学实验教学改革的深入、实验设备的更新、计算机技术的广泛应用，原有的物理化学实验教材已不能满足实验教学的需要。我们在多年自编实验讲义的基础上，从基础实验教学的实际出发，借鉴参考了国内其他兄弟院校的实验教材后编写了本书，以用作普通高校化学、化工、材料等专业的教材，希望也能给从事物理化学实验教学的人员提供参考。

全书列出20个基础实验项目，涉及化学热力学、化学动力学、电化学、胶体与表面化学和结构化学等内容，大部分实验是目前各高等院校普遍开设的，涉及的仪器也是各院校普遍使用的。此外，本着充分利用基础实验的仪器设备，并易于开设的思想，教材还列出了6个综合实验项目，目的是使学生在完成基础实验的训练后，将所学的理论知识、实验技能加以综合运用，以提高学生解决实际问题的能力。

在物理化学实验教学中，我们一直十分注重对学生计算机应用能力的培养，因此大部分实验的附中都编写了计算机处理该实验数据的操作指南。学生可根据书中介绍的方法，利用 Excel 和 Origin 软件完成实验数据的计算及绘图。

本书在各实验项目中将实验内容、仪器使用方法、实验数据处理、思考题、相关的物性数据等集中编写，力求结构严谨、内容浅显易懂、操作步骤详尽，便于学生预习、复习及自学。

教学工作与教材的编写是一融合了集体智慧，并传承与发展的事业，本书的编写是长期从事物理化学实验教学工作的教师们共同努力的结果。参加本书编写和实验工作的教师有董超、李建平、胡玮、张干兵、曹红燕等。

本教材虽经多次修改，但因编者水平所限，书中难免存在缺点和不妥之处，恳请读者批评指正。

编者

二〇一〇年九月

目 录

第一部分 绪论

第一章 物理化学实验的目的和要求 …………………………………………………… 1
第二章 实验室的安全防护 ……………………………………………………………… 3
第三章 误差分析与实验数据的表达 …………………………………………………… 8
  第一节 误差与误差分析 …………………………………………………………… 8
  第二节 实验数据的表达 …………………………………………………………… 13
第四章 实验数据的计算机处理方法 …………………………………………………… 18
  第一节 应用 Excel 软件处理实验数据 …………………………………………… 18
  第二节 应用 Origin 9.0 软件处理实验数据 ……………………………………… 23

第二部分 基础实验

实验一 液体饱和蒸气压的测定 ………………………………………………………… 24
附 1. SWQ 智能数字恒温控制仪（见图 1-3）使用方法 ……………………………… 27
  2. DP-A 精密数字压力计的使用方法 ……………………………………………… 27
  3. SYP 玻璃恒温水浴使用方法 …………………………………………………… 28
  4. 真空泵工作原理及使用方法 …………………………………………………… 28
  5. 液体饱和蒸气压的测定方法 …………………………………………………… 29
实验二 燃烧热的测定 …………………………………………………………………… 29
附 1. 雷诺温度校正 …………………………………………………………………… 32
  2. 氧气减压阀的工作原理及使用方法 …………………………………………… 33
实验三 凝固点降低法测定摩尔质量 …………………………………………………… 33
附 1. 冷却曲线的计算机绘制方法 …………………………………………………… 36
  2. SWC-Ⅱ数字贝克曼温度计的使用方法 ………………………………………… 37
实验四 差热-热重分析 …………………………………………………………………… 37
附 铑10-铂热电偶分度表 ……………………………………………………………… 43
实验五 二组分合金系统相图的绘制 …………………………………………………… 45
实验六 双液系沸点-组成图的绘制 ……………………………………………………… 48
附 1. 环己烷-异丙醇双液系气-液平衡相图的计算机处理 …………………………… 51

  2. 阿贝折光仪的原理及使用方法 ……………………………………………………… 52
实验七 三氯甲烷-醋酸-水三液系相图的绘制 ……………………………………………… 53
附 利用 Origin 软件进行相图绘制和数据处理 …………………………………………… 56
  1. 数据输入 ……………………………………………………………………………… 56
  2. 溶解度曲线的绘制 …………………………………………………………………… 56
  3. 绘制 O_1、O_2 两个物系点 ………………………………………………………… 56
  4. 两条相点结线的绘制 ………………………………………………………………… 57
实验八 电桥法测定醋酸的电离平衡常数 ………………………………………………… 57
实验九 原电池电动势的测定 ……………………………………………………………… 61
实验十 蔗糖水解速率常数的测定 ………………………………………………………… 64
附 1. 实验数据的处理及 $\ln(\alpha_t - \alpha_\infty)$-$t$ 曲线的拟合方法 ……………………………… 67
  2. 旋光仪的工作原理及使用方法 ……………………………………………………… 67
实验十一 乙酸甲酯水解反应速率常数的测定 …………………………………………… 69
附 实验数据处理及 $\ln(V_\infty - V_t)$-t 曲线的拟合方法 ……………………………………… 71
实验十二 乙酸乙酯皂化反应速率常数的测定 …………………………………………… 72
附 1. 实验数据的处理及 κ_t-$\dfrac{\kappa_0 - \kappa_t}{t}$ 曲线的拟合方法 ……………………………… 75
  2. DDSJ-308A 型电导率仪简介 ……………………………………………………… 75
实验十三 丙酮碘化反应速率常数的测定 ………………………………………………… 77
附 1. 722N 型分光光度计简介 …………………………………………………………… 79
  2. 722N 型分光光度计的使用方法 …………………………………………………… 80
实验十四 沉降分析 ………………………………………………………………………… 80
附 实验数据的处理及非线性曲线拟合方法 ……………………………………………… 86
实验十五 溶液吸附法测定硅胶的比表面 ………………………………………………… 87
实验十六 最大气泡法测定溶液的表面张力 ……………………………………………… 89
附 Origin 9.0 处理实验数据 ………………………………………………………………… 93
实验十七 电泳 ……………………………………………………………………………… 94
实验十八 配合物磁化率的测定 …………………………………………………………… 97
实验十九 偶极矩的测定 …………………………………………………………………… 103
实验二十 半经验分子轨道计算 …………………………………………………………… 108

第三部分 综合实验

实验二十一 固体酒精的制备及其燃烧热的测定 …………………………………………… 116
实验二十二 催化剂的制备及其析氢性能研究 ……………………………………………… 117
实验二十三 电动势法测定化学反应的热力学函数 ………………………………………… 120
实验二十四 表面活性剂临界胶束浓度的测定 ……………………………………………… 122
实验二十五 B-Z 振荡反应 …………………………………………………………………… 125
实验二十六 三氯化六氨合钴（Ⅲ）的制备及性质的测定 …………………………………… 129

第四部分 附录

附录一 温度测量与控制技术简介 ………………………………………………………… 132
附录二 压力测量技术简介 ………………………………………………………………… 140
附录三 物理化学实验常用数据表 ………………………………………………………… 144
    附表 3-1 SI 基本单位 …………………………………………………………………… 144
    附表 3-2 具有专门名称的 SI 导出单位 ……………………………………………… 144
    附表 3-3 压力单位换算表 ……………………………………………………………… 145
    附表 3-4 能量单位换算表 ……………………………………………………………… 145
    附表 3-5 一些物理化学常数 …………………………………………………………… 145
    附表 3-6 元素的相对原子量表(1997) ……………………………………………… 146
    附表 3-7 不同温度下水的饱和蒸气压 ………………………………………………… 147
    附表 3-8 一些物质的饱和蒸气压与温度的关系 ……………………………………… 147
    附表 3-9 一些有机化合物的密度与温度的关系 ……………………………………… 148
    附表 3-10 一些溶剂的凝固点及凝固点降低常数 …………………………………… 148
    附表 3-11 一些离子在无限稀释水溶液中的摩尔电导率
            $\Lambda_m^\infty / S \cdot m^2 \cdot mol^{-1}$ ………………………………………………………… 148
    附表 3-12 不同温度下 KCl 水溶液的电导率 $\kappa / S \cdot m^{-1}$ …………………………… 149
    附表 3-13 25℃时常用参比电极的电极电势及温度系数 …………………………… 150
    附表 3-14 一些化合物的摩尔磁化率 ………………………………………………… 150
    附表 3-15 一些液体的介电常数 ……………………………………………………… 150
    附表 3-16 气相中分子的偶极矩 ……………………………………………………… 150

参考文献 …………………………………………………………………………………… **151**

第一部分 绪论

第一章 物理化学实验的目的和要求

一、物理化学实验的目的

化学是建立在实验基础上的科学。物理化学实验是化学实验的重要分支,它综合了化学领域中各分支学科所需的基本研究工具和方法,因而是化学化工类以及与之关系密切的多个专业的学生必修的一门重要基础实验课程。

由于物理化学实验利用物理方法研究化学变化系统的性质和变化规律,实验中涉及多种物理测量仪器和测试技术;而且许多物理量的测量需要通过设计一个变化过程、改变实验条件并跟踪系统中某个可测物理量的变化来实现;实验的结果和结论常常需要根据物理化学的基本原理和公式,借助各种数据处理和数学分析方法才能得到。因此通过物理化学实验教学可以使学生初步掌握物理化学实验的基本方法和技能,包括学会选择实验条件;正确使用科学仪器;细致观察实验现象;准确记录实验数据以及分析、处理、归纳实验数据和实验结果的方法等。通过本课程的学习,还可以加深对物理化学理论的认识,提高灵活运用物理化学原理和实验技能解决实际问题的能力。

二、物理化学实验的要求

1. 实验前的预习

学生应在实验前认真阅读物理化学实验教材以及物理化学理论课教材中的相关部分,了解实验目的、实验原理和实验方法,并写出预习报告。预习报告内容包括:简明的实验原理和实验方法,实验测量原理简图或测量系统简图,实验操作步骤等。

准备一个实验记录本(40~50页),在实验记录本上设计出结构合理的数据记录表格,记录预习过程中的疑难点。

2. 实验操作过程

(1) 认真听教师讲解实验要点,接受教师预习情况检查。

(2) 仪器设备安装完毕或连接好实验线路后，须经指导教师检查才能开始实验。实验过程中，应严格按照实验操作步骤及仪器操作方法进行，如有更改意见，须与指导教师进行讨论，经指导教师同意后方可实行。

(3) 实验操作时，要严格控制实验条件，仔细观察实验现象，积极思考，善于发现和解决实验中出现的各种问题。如遇困难，应先独立思考，设法解决。仍不能解决时再请教指导教师。

(4) 要爱护实验设备，实验中仪器出现故障应及时报告，在教师指导下处理。

(5) 实验的原始数据应详细记录在实验记录本上，且注意整齐清洁，尽量采用表格形式，注意培养良好的记录习惯。

(6) 实验完毕后，应先将实验数据交与指导教师检查同意后才能拆卸实验装置。

(7) 实验结束后应清理实验台，洗净并核对仪器，若有损坏应自行登记。将实验数据整理并填写在实验报告"实验原始数据记录"一栏里。

(8) 严格按照实验分组安排表进行实验，未经教师允许不得随意调换实验时间。在实验过程中应遵守纪律，不迟到早退，不看与实验无关的书籍，不谈论与实验无关的事情，不随意走动和擅自离岗。在讨论与实验有关的问题时，应注意小声说话，保持实验室安静。

(9) 每次实验时，各实验小组需指定 2 人负责打扫本实验台及周围的卫生。

(10) 经指导教师签字确认后方能离开实验室。

3. 实验报告

(1) 实验报告统一用实验报告本手工书写，要求内容完整，独立完成。

(2) 实验报告本上写明实验目的、实验原理和实验方法（若该部分较长可附页书写），绘出实验测量原理简图或测量系统简图，列出实验所需的仪器、药品以及实验步骤。

(3) 实验数据处理、实验误差计算以及实验结果讨论是书写实验报告的重点。其中在数据处理部分，要求数据表格及作图完整、规范，数值运算要合乎有效数字的处理和表达原则。实验结果讨论部分的内容包括：必须完成相应实验的思考题，还可以将实验的心得体会、实验结果的可靠程度、实验现象的分析和解释、对实验改进的内容等写入此栏目中。

(4) 实验报告应按时完成，一般在当日实验开始前交付上次实验的实验报告。

第二章
实验室的安全防护

一、安全用电常识

违章用电常常造成人身伤亡、火灾、损坏仪器设备等严重事故。物理化学实验室使用电器较多,特别要注意安全用电。表1列出了不同强度交流电通过人体时的反应情况。

表1　不同电流强度时的人体反应

电流强度/mA	1～10	10～25	25～100	100以上
人体反应	麻木感	肌肉强烈收缩	呼吸困难,甚至停止呼吸	心脏心室纤维性颤动,死亡

为了保障人身安全,一定要遵守实验室安全规则。

1. 防止触电

① 不用潮湿的手接触电器。
② 电源裸露部分应有绝缘装置(例如电线接头处应裹上绝缘胶布)。
③ 所有电器的金属外壳都应保护接地。
④ 实验时,应先连接好电路才接通电源。实验结束时,先切断电源再拆线路。
⑤ 修理或安装电器时,应先切断电源。
⑥ 不能用试电笔去试高压电。使用高压电源应有专门的防护措施。
⑦ 如有人触电,应迅速切断电源,然后进行抢救。

2. 防止引起火灾

① 使用的保险丝要与实验室允许的用电量相符。
② 电线的安全通电量应大于用电功率。
③ 室内若有氢气、煤气等易燃易爆气体,应避免产生电火花。继电器工作和开关电闸时,易产生电火花,要特别小心。电器接触点(如电插头)接触不良时,应及时修理或更换。
④ 如遇电线起火,立即切断电源,用沙或二氧化碳、四氯化碳灭火器灭火,禁止用水或泡沫灭火器等导电液体灭火。

3. 防止短路

① 线路中各接点应牢固,电路元件两端接头不要互相接触,以防短路。
② 电线、电器不要被水淋湿或浸在导电液体中,例如实验室加热用的灯泡接口不要浸在水中。

4. 电器仪表的安全使用

① 在使用前，先了解电器仪表要求使用的电源是交流电还是直流电；是三相电还是单相电以及电压的大小（380V、220V、110V 或 6V）。须弄清电器功率是否符合要求及直流电器仪表的正、负极。

② 仪表量程应大于待测量。若待测量大小不明时，应从最大量程开始测量。

③ 实验之前要检查线路连接是否正确。经教师检查同意后方可接通电源。

④ 在电器仪表使用过程中，如发现有不正常声响，局部温升或嗅到绝缘漆过热产生的焦味，应立即切断电源，并报告教师进行检查。

二、使用化学药品的安全防护

1. 防毒

① 实验前，应了解所用药品的毒性及防护措施。

② 操作有毒气体（如 H_2S、Cl_2、Br_2、NO_2、浓 HCl 和 HF 等）应在通风橱内进行。

③ 苯、四氯化碳、乙醚、硝基苯等的蒸气会引起中毒。它们虽有特殊气味，但久嗅会使人嗅觉减弱，所以应在通风良好的情况下使用。

④ 有些药品（如苯、有机溶剂、汞等）能透过皮肤进入人体，应避免与皮肤接触。

⑤ 氰化物、高汞盐 [$HgCl_2$、$Hg(NO_3)_2$等]、可溶性钡盐（$BaCl_2$）、重金属盐（如镉、铅盐）、三氧化二砷等剧毒药品，应妥善保管，使用时要特别小心。

⑥ 禁止在实验室内喝水、吃东西。饮食用具不要带进实验室，以防毒物污染，离开实验室及饭前要洗净双手。

2. 防爆

可燃气体与空气混合，当两者比例达到爆炸极限时，受到热源（如电火花）的诱发，就会引起爆炸。一些气体的爆炸极限见表2。

表 2　与空气相混合的某些气体的爆炸极限（20℃，101.325kPa）

气体	爆炸高限（体积分数/%）	爆炸低限（体积分数/%）	气体	爆炸高限（体积分数/%）	爆炸低限（体积分数/%）
氢气	74.2	4.0	醋酸	—	4.1
乙烯	28.6	2.8	乙酸乙酯	11.4	2.2
乙炔	80.0	2.5	一氧化碳	74.2	12.5
苯	6.8	1.4	水煤气	72.0	7.0
乙醇	19.0	3.3	煤气	32.0	5.3
乙醚	36.5	1.9	氨	27.0	15.5
丙酮	12.8	2.6			

① 使用可燃性气体时，要防止气体逸出，室内通风要良好。

② 操作大量可燃性气体时，严禁同时使用明火，还要防止发生电火花及其他撞击火花。

③ 有些药品如叠氮铝、乙炔银、乙炔铜、高氯酸盐、过氧化物等受震和受热都易引起爆炸，使用要特别小心。

④ 严禁将强氧化剂和强还原剂放在一起。
⑤ 久藏的乙醚使用前应除去其中可能产生的过氧化物。
⑥ 进行容易引起爆炸的实验，应有防爆措施。

3. 防火

① 许多有机溶剂如乙醚、丙酮、乙醇、苯等非常容易燃烧，大量使用时室内不能有明火、电火花或静电放电。实验室内不可存放过多这类药品，用后还要及时回收处理，不可倒入下水道，以免聚集引起火灾。

② 有些物质如磷、金属钠、钾、电石及金属氢化物等，在空气中易氧化自燃。还有一些金属如铁、锌、铝等粉末，比表面大也易在空气中氧化自燃。这些物质要隔绝空气保存，使用时要特别小心。

实验室如果着火不要惊慌，应根据情况进行灭火，常用的灭火剂有：水、沙、二氧化碳灭火器、四氯化碳灭火器、泡沫灭火器和干粉灭火器等。可根据起火的原因选择使用，以下几种情况不能用水灭火：

（a）金属钠、钾、镁、铝粉、电石、过氧化钠着火，应用干沙灭火。
（b）比水轻的易燃液体，如汽油、苯、丙酮等着火，可用泡沫灭火器。
（c）有灼烧的金属或熔融物的地方着火时，应用干沙或干粉灭火器。
（d）电器设备或带电系统着火，可用二氧化碳灭火器或四氯化碳灭火器。

4. 防灼伤

强酸、强碱、强氧化剂、溴、磷、钠、钾、苯酚、冰醋酸等都会腐蚀皮肤，特别要防止溅入眼内。液氧、液氮等低温也会严重灼伤皮肤，使用时要小心。万一灼伤应及时治疗。

5. 汞的安全使用

物理化学实验中测定温度和压力的仪器有时用到纯汞。吸入汞蒸气会引起慢性中毒，症状为食欲缺乏、恶心、便秘、贫血、骨骼和关节疼痛等。汞蒸气的最大安全浓度为 $0.1\mathrm{mg\cdot m^{-3}}$，而 20℃ 时汞的饱和蒸气压约为 0.16Pa，超过安全浓度 130 倍。所以使用汞时必须严格遵守下列操作规定：

① 储汞的容器要用厚壁玻璃器皿或瓷器，在汞面上加盖一层水，避免直接暴露于空气中，同时应放置在远离热源的地方。一切转移汞的操作都应在装有水的浅瓷盘内进行。
② 装汞的仪器下面一律放置浅瓷盘，防止汞滴散落到桌面或地面上。
③ 使用汞的实验室应有良好的通风设备；手上若有伤口，切勿接触汞。

金属汞散落到地面上时，可用硬纸将汞珠赶入纸簸箕内，再收集到玻璃容器中加水液封；也可用滴管吸起汞珠收集到水封的玻璃容器中。另一种方法是使用润湿的棉棒，将散落的小汞滴收集成大汞珠，再转移到水封的玻璃容器中。更小的汞滴可用胶带纸粘起，放入密封袋或容器中。收集不起来的和落入缝隙的小汞滴可撒硫粉覆盖，用刮刀反复推磨使之反应生成硫化汞，再将硫化汞收集放入密封袋中。也可撒锌粉或锡粉生成稳定的金属汞齐。受污染的房间应将窗户和大门打开通风至少一天。注意在清除汞时必须戴上手套，使用过的手套同样放在密封袋中。放入污染物的容器和密封袋必须贴上"废汞"或"废汞污染物"的标签。

三、气体钢瓶的安全使用

1. 气体钢瓶的颜色标记
我国气体钢瓶常用的标记见表3。

表3　气体钢瓶常用标记

气体类别	瓶身颜色	标字颜色	字样
氮气	黑	黄	氮
氧气	天蓝	黑	氧
氢气	深蓝	红	氢
压缩空气	黑	白	压缩空气
二氧化碳	黑	黄	二氧化碳
氨	棕	白	氨
液氨	黄	黑	氨
氯气	草绿	白	氯气
乙炔	白	红	乙炔
氟氯烷	铝白	黑	氟氯烷
石油气体	灰	红	石油气
粗氩气体	黑	白	粗氩
纯氩气体	灰	绿	纯氩

2. 使用方法
① 打开钢瓶总阀门，此时高压表显示出瓶内贮气总压力。
② 慢慢地顺时针转动调压手柄，至低压表显示出实验所需压力为止。
③ 停止使用时，先关闭总阀门，待减压阀中余气逸尽后，再关闭减压阀。

3. 注意事项
① 钢瓶应存放在阴凉、干燥、远离热源的地方。可燃性气瓶应与氧气瓶分开存放。
② 搬运钢瓶要小心轻放，钢瓶帽要旋上。
③ 使用时应装减压阀和压力表。可燃性气瓶（如 H_2、C_2H_2）气门螺丝为反丝；不燃性或助燃性气瓶（如 N_2、O_2）为正丝。各种压力表一般不可混用。
④ 不要让油或易燃有机物沾染气瓶（特别是气瓶出口和压力表上）。
⑤ 开启总阀门时，不要将头或身体正对总阀门，防止万一阀门或压力表冲出伤人。
⑥ 不可把气瓶内气体用光，以防重新充气时发生危险。
⑦ 使用中的气瓶每三年应检查一次，装腐蚀性气体的钢瓶每两年检查一次，不合格的气瓶不可继续使用。
⑧ 氢气瓶应放在远离实验室的专用小屋内，用紫铜管引入实验室，并安装防止回火的装置。

四、安全使用高温装置

物理化学实验中涉及多种高温装置的使用，如电炉、热电偶、热分析仪等。如果操作错误，容易发生烧烫伤事故，还可能引起着火或爆炸危险。因此操作时必须十分谨慎。使用高温装置时要注意如下事项：

① 注意防护高温对人体的辐射。需要长时间注视赤热物质或高温火焰时，要戴防护眼镜。处理熔融金属或熔融盐等高温流体时，还要穿上皮靴之类的防护鞋。

② 使用高温装置的实验，要在防火建筑内或配备有防火设施的室内进行，并保持室内通风良好。

③ 熟悉高温装置的使用方法，并细心操作，不可随便触摸高温仪器及周围的试样。

④ 按照操作温度的不同，选用合适的容器材料和耐火材料。但是，选定时亦要考虑到所要求的操作气氛及所接触物质的性质。

⑤ 高温实验禁止接触水。高温物体中一旦混入水，水会急剧汽化发生水蒸气爆炸。高温物质落入水中时，也同样产生大量爆炸性的水蒸气而四处飞溅。因此操作时一定要使用干燥的手套。

五、实验室中常见伤害的救护

① 强酸　浓酸洒在实验台上，先用碳酸钠或碳酸氢钠中和，再用水冲洗干净；沾在皮肤上，应先用干抹布擦去，然后用3%～5%碳酸氢钠溶液清洗；溅到眼睛里，应立即用水清洗，然后用5%碳酸氢钠溶液或2%醋酸淋洗，再请医生处理。

② 强碱　浓碱洒在实验台上，先用稀醋酸中和，再用水冲洗干净；沾在皮肤上，先用大量水清洗，再涂上硼酸溶液；溅到眼睛里，用水洗净后再用硼酸溶液淋洗（无论酸还是碱溅入眼睛，切不要用手揉）。

③ 液溴腐蚀　要立即擦去，再用苯或甘油洗涤伤处，最后用水清洗。

④ 烫伤或灼伤　烫伤后切勿用水冲洗，一般烫伤可在伤口上擦烫伤膏或用浓高锰酸钾溶液擦至皮肤变为棕色（也可用95%酒精轻涂伤处，不要弄破水泡），再涂上凡士林或烫伤膏；被磷灼伤后可用硝酸银溶液或硫酸铜溶液、高锰酸钾溶液洗涤伤处，然后进行包扎，切勿用水冲洗；被沥青、煤焦油等有机物烫伤后，可用浸透二甲苯的棉花擦洗，再用羊脂涂敷。

⑤ 误吞毒物　常用的解毒方法是引起呕吐，给中毒者服催吐剂，如肥皂水、芥末和水或给以鸡蛋白、牛奶、食用油等缓和刺激，随后用手指伸入喉部引起呕吐。注意：磷中毒的人不能喝牛奶。

第三章
误差分析与实验数据的表达

第一节 · 误差与误差分析

物理化学实验通常是在一定条件下测量系统在变化过程中有关物理量的大小，然后对所测物理量的实验数据进行合理的处理，从而求得所需要的实验结果。实验表明，由于测量仪器、测量方法、测量环境、人的观察力、测量的程序等诸多因素均会对实验结果的准确度产生影响，因此实验结果的真值是无法测得的，而只能得到与真值之间存在一定差值的实验测量值。实验测量值与其真值之间的差值称为"测量误差"。

作为一个科学工作者，必须树立正确的误差概念，了解误差分析的基础知识，以便能够正确地表达测量结果的可靠程度，合理地选择适当精度的实验仪器、实验方法和实验控制条件，从而在一定条件下得到更接近于真值的最佳测量结果。

一、误差的分类

根据误差的性质可将误差分为：系统误差和随机误差。

1. 系统误差

系统误差定义为在重复性条件下，对同一被测量进行无限多次测量所得结果的平均值与被测量的真值之差，以 $\delta_{系统}$ 表示。即定义

$$\delta_{系统} = \lim_{n \to \infty} \frac{1}{n} \sum_{i=1}^{n} x_i - x_{真} = x_{\infty} - x_{真}$$

式中，$x_{\infty} = \lim_{n \to \infty} \frac{1}{n} \sum_{i=1}^{n} x_i$，称为测量值的数学期望；$x_{真}$ 为测量值的真值。

很明显，$\delta_{系统}$ 越小，x_{∞} 越接近于 $x_{真}$，测量的正确度越高，因此 $\delta_{系统}$ 可用于表示测量值的期望值偏离真值的程度。

系统误差的特征是在同一条件下，多次测量同一量值时，该误差的绝对值和符号保持不变，或在条件改变时，按某一确定规律变化。

系统误差产生的主要原因如下：

① 仪器装置本身精度有限（如滴定管、温度计刻度不准，天平砝码不准等）；仪器失灵或不稳。

② 仪器使用的环境条件（如温度、压力等）发生变化。

③ 药品不纯。

④ 实验方法本身的限制（如采用近似的测量方法，计算公式存在一定的近似等）。

⑤ 测量者的习惯与偏向（如记录数据时时间提前或滞后，读数时视线的位置偏高或偏低等）。

系统误差可以通过测量前对仪器进行校正或更换，改进实验方法，提高药品纯度，修正计算公式等方法减小或消除。只有不同的实验者采用不同的实验技术、不同的实验方法所得的数据相符合，才能认为系统误差基本消除。

2. 随机误差

随机误差定义为测量值 x_i 与在重复性条件下对同一被测量进行无限多次测量所得结果的平均值之差，以 $\delta_{随机}$ 表示。即定义

$$\delta_{随机} = x_i - x_\infty$$

$\delta_{随机}$ 越大，测量值越分散，因此 $\delta_{随机}$ 反映了测量值对测量值期望值的离散程度。

随机误差的特征是在相同条件下多次测量同一物理量时，误差的绝对值和符号以不可预定的方式变化。

引起随机误差的原因很多，如读数时，视线的位置不正确；实验仪器的性能由于环境温度、湿度因素的影响而产生微小变化等。

实验表明，在相同条件下对同一物理量进行重复多次测量时，随机误差的分布服从正态分布，即正、负误差出现的概率相等。因此用多次测量的算术平均值作为该物理量的测量结果，可以较好地减少随机误差。

实验者的过失或错误（如：刻度读错，计算错误等）也会引起误差，常称为过失误差。过失误差不属于测量误差的范畴，也无规律可循，只要正确细心地操作便可避免。含有过失误差的测量值是坏值，应从结果中剔除。

二、误差的表示方法

1. 绝对误差和相对误差

测量值 x_i 与真值 $x_{真}$ 之差称为绝对误差，以 Δx 表示。即

$$\Delta x = x_i - x_{真}$$

绝对误差与真值之比称为相对误差，以 ε 表示。即

$$\varepsilon = \frac{x_i - x_{真}}{x_{真}}$$

绝对误差 Δx 的量纲与被测物理量相同，其值大小与被测量无关；而相对误差 ε 是量纲为 1 的纯数，其值大小与绝对误差 Δx 以及被测量有关。因此不同物理量的相对误差可以相互比较，而且在比较各种测量的精度和评定测量结果的质量时采用相对误差更为合理。

2. 正确度、精密度和精确度

（1）正确度　正确度表示测量值与真值一致的程度。正确度可以用系统误差的大小来表示。

由于系统误差的表达式中包含有 $x_{真}$，而 $x_{真}$ 是无法测定的，故常用 $x_{标}$ 近似地代替 $x_{真}$。$x_{标}$ 是指用其他更为可靠的方法测出的值或文献记载的公认值。

$$正确度 = \frac{1}{n} \sum_{i=1}^{n} | x_i - x_{标} |$$

(2) 精密度　精密度表示对同一被测量进行多次测量时，测量值的重复性程度。精密度可以用随机误差的大小来表示。测量值的随机误差越小，测量值分布越密集，测量的精密度越高。

精密度常用以下三种方式表示：

平均误差

$$\Delta \overline{x} = \frac{1}{n}\sum_{i=1}^{n} |x_i - \overline{x}_i|$$

式中，$\overline{x}_i = \frac{1}{n}\sum_{i=1}^{n} x_i$，为有限次测量值的算术平均值。

标准误差

$$\sigma = \sqrt{\frac{1}{n-1}\sum_{i=1}^{n}(x_i - \overline{x}_i)^2}$$

或然误差

$$P = 0.6745\sigma$$

以上三种精密度表示在数值上略有不同，它们之间的关系是

$$P : \Delta \overline{x} : \sigma = 0.675 : 0.794 : 1.000$$

物理化学实验中通常用平均误差和标准误差来表示测量的精密度。其中平均误差的优点是计算方便，但有把质量不高的测量值掩盖的缺点。标准误差是平方和的开方值，能更明显地反映误差大小，在精密计算实验误差时最为常用。

(3) 精确度　精确度是测量值的系统误差和随机误差的综合体现，它反映了测量值与真值一致的程度。精确度大的测量其测量值的系统误差和随机误差必然都很小。因此，精密度大的测量不一定准确度高，但准确度高的测量精密度必然高。

由于实际上测量值的真值难以得到，因此目前国际上将测量不确定度用于评定测量结果的质量。测量不确定度为与测量结果相联系的参数，它表征合理地赋予被测量之值的分散性。对测量不确定度可以简单地理解为是由于测量误差的存在使得测量结果不能确定的程度或被测量真值所处范围。测量不确定度有三种定量表达式：标准偏差、标准偏差的倍数以及置信概率下的置信区间的半宽度。关于测量不确定度的表示和计算的方法请参阅有关书籍。

(4) 提高测量精确度的方法

① 尽量消除或减小系统误差的引进。例如：选用合适的仪器并对仪器进行校正、纯化试剂、改进测量方法等。

② 增加平行测量的次数，以减小测量过程中的随机误差。

③ 舍弃可疑的观测值。若某一测量值 x_i 有

$$(x_i - \overline{x}_i) \geqslant 4\left(\frac{1}{n}\sum_{i=1}^{n} |x_i - \overline{x}_i|\right)$$

则该测量值可舍弃。但需注意每五个数据最多只可舍弃一个。

三、误差分析

在测定物理量的过程中，根据测量的方式不同，可将测量分为直接测量和间接测量。其中直接测量是指用测量仪器和待测量进行比较，直接得到测量结果的方法。例如：用温度计测量温度，用天平称物质的质量，用电桥法测定电阻等；间接测量则是依据待测量与某几个直接测定量的函数关系求出待测量的方法。例如：用旋光法测定蔗糖水解反应的速率常数，就是用旋光仪测定一定浓度的蔗糖水溶液的旋光度随时间变化的关系数据，再通过作图和公式计算得到蔗糖水解反应的速率常数。由于直接测量值有误差，因而间接测量的结果也会有

误差。通过误差分析，可以查明直接测量的误差对间接测量结果的影响，从而找出误差的主要来源，以便于选择适当的实验方法，合理配置仪器，寻求测量的有利条件。

1. 间接测量结果的平均误差和相对平均误差

设间接测量结果 U 为直接测量值 x，y，z，$\cdots$ 的函数，即

$$U = f(x, y, z, \cdots)$$

计算间接测量结果平均误差的基本公式为

$$\mathrm{d}U = \frac{\partial U}{\partial x}\mathrm{d}x + \frac{\partial U}{\partial y}\mathrm{d}y + \frac{\partial U}{\partial z}\mathrm{d}z + \cdots$$

计算间接测量结果相对误差的基本公式为

$$\frac{\mathrm{d}U}{U} = \frac{1}{f(x, y, z, \cdots)}\left(\frac{\partial U}{\partial x}\mathrm{d}x + \frac{\partial U}{\partial y}\mathrm{d}y + \frac{\partial U}{\partial z}\mathrm{d}z + \cdots\right)$$

一些函数的平均误差和标准误差的计算公式分别见表 4 和表 5。

表 4　一些函数平均误差的计算公式

函数关系	绝对误差	相对误差	函数关系	绝对误差	相对误差
$U = x \pm y$	$\pm(\lvert\Delta x\rvert + \lvert\Delta y\rvert)$	$\pm\left(\dfrac{\lvert\Delta x\rvert + \lvert\Delta y\rvert}{x \pm y}\right)$	$U = x^n$	$\pm(nx^{n-1}\lvert x\rvert)$	$\pm\left(n\dfrac{\lvert\Delta x\rvert}{x}\right)$
$U = xy$	$\pm(x\lvert\Delta y\rvert + y\lvert\Delta x\rvert)$	$\pm\left(\dfrac{\lvert\Delta x\rvert}{x} + \dfrac{\lvert\Delta y\rvert}{y}\right)$	$U = \ln x$	$\pm\left(\dfrac{\lvert\Delta x\rvert}{x}\right)$	$\pm\left(\dfrac{\lvert\Delta x\rvert}{x\ln x}\right)$
$U = \dfrac{x}{y}$	$\pm\left(\dfrac{x\lvert\Delta y\rvert + y\lvert\Delta x\rvert}{y^2}\right)$	$\pm\left(\dfrac{\lvert\Delta x\rvert}{x} + \dfrac{\lvert\Delta y\rvert}{y}\right)$			

表 5　一些函数标准误差的计算公式

函数关系	绝对误差	相对误差	函数关系	绝对误差	相对误差
$U = x \pm y$	$\pm\sqrt{\sigma_x^2 + \sigma_y^2}$	$\pm\dfrac{1}{\lvert x \pm y\rvert}\sqrt{\sigma_x^2 + \sigma_y^2}$	$U = \dfrac{x}{y}$	$\pm\dfrac{1}{y}\sqrt{\sigma_x^2 + \dfrac{x^2}{y^2}\sigma_y^2}$	$\pm\sqrt{\dfrac{\sigma_x^2}{x^2} + \dfrac{\sigma_y^2}{y^2}}$
			$U = x^n$	$\pm(nx^{n-1}\sigma_x)$	$\pm\left(\dfrac{n}{x}\sigma_x\right)$
$U = xy$	$\pm\sqrt{y^2\sigma_x^2 + x^2\sigma_y^2}$	$\pm\sqrt{\dfrac{\sigma_x^2}{x^2} + \dfrac{\sigma_y^2}{y^2}}$	$U = \ln x$	$\pm\left(\dfrac{\sigma_x}{x}\right)$	$\pm\left(\dfrac{\sigma_x}{x\ln x}\right)$

例：某一液体的密度 ρ（$\mathrm{kg \cdot m^{-3}}$）经多次测量为：1082、1079、1080、1076，求其平均误差、标准误差和平均标准误差。

解：

	$\rho/\mathrm{kg \cdot m^{-3}}$	$\Delta \rho_i$	$\lvert\Delta\rho_i\rvert$	$\lvert\Delta\rho_i\rvert^2$
1	1082	3	3	9
2	1079	0	0	0
3	1080	1	1	1
4	1076	-3	3	9
Σ	4317	1	7	19

算术平均值 $\qquad \overline{\rho}_i = \dfrac{1}{4}\sum\limits_{i=1}^{4}\rho_i = 1079$ （kg·m^{-3}）

平均误差 $\qquad \Delta\overline{\rho}_i = \pm\dfrac{1}{4}\sum\limits_{i=1}^{4}|\Delta\rho_i| = \pm 2$ （kg·m^{-3}）

平均相对误差 $\qquad \dfrac{\Delta\overline{\rho}_i}{\overline{\rho}_i} = \pm\dfrac{2}{1079}\times 100\% = \pm 0.2\%$

标准误差 $\qquad \sigma = \pm\sqrt{\dfrac{19}{4-1}} = \pm 2.5$ （kg·m^{-3}）

2. 间接测量结果的标准误差

设间接测量结果 U 为直接测量值 x、y 的函数，x、y、$z\cdots$ 的标准误差分别为 σ_x、σ_y、$\sigma_z\cdots$ 则 U 的标准误差 σ_U 为

$$\sigma_U = \sqrt{\left(\dfrac{\partial U}{\partial x}\right)^2\sigma_x^2 + \left(\dfrac{\partial U}{\partial y}\right)^2\sigma_y^2 + \left(\dfrac{\partial U}{\partial z}\right)^2\sigma_z^2 + \cdots}$$

四、有效数字

在对被测量进行测量或计算时，所涉数值中所有可靠数字（即最小分度及以上的值）和可疑数字（最小分度值以下的值）一起称为"有效数字"。例如：压力测量值为（2054.8±0.4）Pa，其中 2054 是可靠数字，8 是估计出来的，为可疑值，该数据的有效数字为五位。有效数字的位数指明了测量精确的幅度，不能随意变更。严格地说，一个数据若未指明不确定范围（即精密度范围），则该数据的含义是不清楚的。一般认为，最后一位数字的不确定范围为±3。

在记录、报告和计算测量数据时，必须遵守以下有效数字规则。

（1）误差最多包含两位有效数字，任何一个物理量的数值，其有效数字的最后一位，在位数上应与误差的最后一位对齐。例如：

$\qquad$ 1.35±0.01 $\qquad\qquad$ 正确

$\qquad$ 1.351±0.01 $\qquad\qquad$ 不正确,夸大结果的精密度

$\qquad$ 1.3±0.01 $\qquad\qquad$ 不正确,缩小结果的精密度

（2）为了明确表明有效数字，一般常用指数标记法。

例如：以下数据若取四位有效数字

$\qquad\qquad\qquad$ 123400 $\qquad$ 1234 $\qquad$ 0.1234 $\qquad$ 0.0001234

应写成以下形式 $\quad 1.234\times 10^5 \quad 1.234\times 10^3 \quad 1.234\times 10^{-1} \quad 1.234\times 10^{-4}$

在确定有效数字时，需要注意"0"这个符号，它可以是也可以不是有效数字。

① 若 0 前有非零数值，则 0 为有效数字，例如：滴定管读数 20.05mL 或天平称量为 1.1670g 中，所有的 0 都是有效数字；

② 紧接小数点后仅用来确定小数点的位置的 0，不能算作有效数字。例如 0.0001234 中小数点后的 3 个 0 都不是有效数字；

③ 123400 中的 2 个 0 可能是有效数字也可能不是有效数字。若写为 1.234×10^5，有 4 位有效数字，而写为 1.23400×10^6，则有 6 位有效数字了。

（3）在记录测定数据和运算结果时，只保留一位可疑数字。数字的位数与所用测量仪器和方法的精度一致。当有效数字位数确定之后，其后面的数字应按"四舍六入五单双"的规则

取舍。被修约的那个数字等于或小于 4 时，舍去该数字；等于或大于 6 时，则进位。该修约的数字为 5 时，若 5 后有数就进位；若无数或为零时，则看 5 的前一位为奇数就进位，偶数则舍去。修约数字时，只能对原数据一次修约到所需要的位数，不能逐级修约。例如：将 1.2450 取 3 位有效数字为 1.24；将 1.2456 取 4 位有效数字为 1.246；而取 2 位有效数字则为 1.2。

（4）当数值的首位大于 8 时，可多算一位有效数字，如：92.1 可看作四位有效数字。

（5）计算式中的常数如：π，e 及乘除因子，如：$\sqrt{2}$、$\frac{1}{3}$ 和一些取自手册的常数，可按需要取有效数字，一般取 4 位有效数字。

（6）用对数作运算时，对数尾数的位数应与真数的有效位数相同。
例如：lg5.6744＝0.75392

（7）计算平均值时，若参加平均的数值有 4 个以上，则平均值的有效位数可多取一位。

（8）在加减运算中，各数值小数点后所取位数与其中最少者相同。而在乘除运算中，各数值所取位数不超过其中有效位数最低者。例如：

0.32＋0.655＋36.322   应改写为：0.32＋0.66＋36.32＝37.30

$\frac{1.673 \times 0.0524}{56}$ 应改写为：$\frac{1.67 \times 0.0524}{56} = 1.6 \times 10^{-3}$

（9）在四则混合运算中，为避免误差叠加，在最终运算以前的各步中，有效数字可多保留一位，最后结果再取回原位数。例如：

$$\left[\frac{0.678 \times (35.24 - 15.3)}{55 + 12}\right]^2 = \left(\frac{0.678 \times 19.9}{67}\right)^2 = \left(\frac{13.5}{67}\right)^2 = 0.040$$

第二节 · 实验数据的表达

物理化学实验数据的表达及处理方法主要有以下三种：列表法、图解法和数学方程式法。

一、列表法

列表法是以列表的方式将实验结果的自变量 x 和因变量 y 的相应数值一一对应列出。该方法的优点是能使全部数据一目了然，便于处理运算，容易检查而减少差错。

列表时应注意下列几点：

① 每一个表格都应有简明而完备的名称；

② 表格中的每一行或每一列的第一栏，要详细地写出数据的名称和量纲；

③ 在每一行（或列）中，数字排列要整齐，位数和小数点要对齐，有效数字的位数要合理；

④ 表格中的数据应化成最简单的形式表示，公共的乘方因子应在第一栏的名称下注明；

⑤ 表格中的数据应按依次递增或递减排列，缺失的数据用"—"表示。

二、图解法

实验数据图解法是根据几何原理，用几何图形将实验数据表示出来。其优点是能直观地表现出实验测得的各数据间的相互关系，并能清楚地显示出所研究问题的变化规律，如：极大值、极小值、转折点、周期性、数量变化的速率等，还易于求得函数关系的数学表达式。因而该方法在物理化学实验的数据表达和处理中应用十分广泛。

1. 图解法在物理化学实验中的应用

（1）求内插值

以自变量为横轴，以因变量为纵轴，所得曲线即表示二变量之间的定量关系。在曲线所示的范围内，可方便地从曲线上求出任一自变量所对应的因变量的数值。例如：双液系气液平衡相图实验中，从不同组成溶液的折射率工作曲线上直接读出某一折射率对应的溶液组成。

（2）求外推值

若测定的物理量不能或不易由实验直接测定，在一定的条件下，将所测量的数据间的函数关系外推至测量范围之外，可获得所需要的数值。值得注意的是，外推法只有在下列情况下才能使用：

① 在外推的那段范围及其邻近，测量数据间的函数关系是线性关系或可认为是线性关系；

② 外推范围距实际测量范围不能太远；

③ 外推所得的结果与已有的正确经验不能相抵触。

（3）作切线求函数的微商

从曲线上选定若干点作切线，计算出该点的斜率，即得该点的微商值。例如：利用不同浓度溶液的表面张力随浓度变化的关系曲线作切线，由其斜率求出某一指定浓度下溶液的表面吸附量。利用曲线作切线求微商的关键问题是如何准确地在曲线上作切线。常用的方法有两种：镜面法和平行线法。

① 镜面法（用于求取曲线上某定点 Q 的切线） 如图1所示，若需在 Q 点作切线，则可取一平而薄的矩形镜子，使其边缘 AB 放在曲线的 Q 点上，绕 Q 点转动，直至镜外曲线与镜像中曲线成一光滑曲线时，沿 AB 所画出的直线 $\overline{CD}$ 即为曲线在 Q 点的法线，作 Q 点法线的垂线 $\overline{QE}$，即为曲线在 Q 点的切线。

② 平行线法（用于求取某段曲线上点 Q 的切线） 如图2所示，在所选择的曲线上作两条平行线 $\overline{AB}$、$\overline{CD}$，作两线段中点的连线交曲线于 Q，过 Q 点作与 AB、CD 的平行线 $\overline{EF}$，即为曲线在 Q 点的切线。

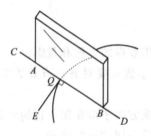

图1 镜面法示意图

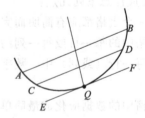

图2 平行线法示意图

（4）求经验方程

做出测量结果的函数关系的图形，以图形形式变换函数，使图形线性化，得到新函数 y 和新自变量 x 间的线性关系为

$$y = mx + b$$

以 y 对 x 作图，作一条直线，使之尽可能靠近每一点，由直线的斜率和截距求出线性方程中的 m 和 b，然后再换算成原函数和自变量，即得原函数的解析表达式。

（5）求函数的极值或转折点

函数的极大值、极小值或转折点，在图形上表现得直观且准确，因此在许多情况下都要应用它。例如：双液系气液平衡相图实验中，双液系共沸物的恒沸点和恒沸物组成的确定都常用作图法。

（6）求面积计算相应的物理量（图解积分法）

设图形中的因变量是自变量导数的函数，求取曲线下自变量在一定取值范围内的面积即为该因变量的定积分值。例如：作 p-V 曲线，可求得相应一定体积变化区间内曲线所包围的面积，即为该过程所做的功。

2. 作图法

作图技术是利用图解法表达、处理实验数据取得优良结果的关键之一。作图时采用的工具主要有：铅笔（HB 或 1H 为宜）、直尺、曲线板（应选用透明的）或曲线尺、圆规等，作图的一般步骤及规则如下。

（1）坐标纸和比例尺的选择

通常所用的坐标纸有直角坐标纸、半对数和对数-对数坐标纸及三角坐标纸，在基础物理化学实验中最常用的是直角坐标纸。

用直角坐标纸作图时，应以自变量为横轴，以因变量为纵轴，坐标轴比例尺的选择一般遵循以下原则：

① 能表示出全部有效数字，以便用作图法求出的物理量的精确度与测量的精确度相适应；

② 图纸每小格对应的数值应便于迅速简便地读数，便于计算。如分度应为 1、2、5 或其倍数，避免 3、6、7、9 及其倍数；

③ 在满足上述条件下，考虑充分利用图纸的全部面积，若无必要，不必将坐标原点作为变量的零点，使图形布局匀称合理；

④ 若作的图是直线，则比例尺的选择应使其斜率接近于 1。

（2）画坐标轴

选定比例尺后，画上坐标轴，在轴旁注明该坐标轴变量的名称、量纲及公共的乘方因子。在纵轴的左面和横轴的下面每隔一段距离写下该处变量应有的值，以便作图及读数。

（3）作代表点

把实验的测量值描点于图上，在点的周围画上圆圈、正方形、矩形或其他符号以区别各组的测量值。数据点周围的集合符号的面积大小应代表测量的精确度。若测量的精确度高，则圆圈的半径及矩形边长的半长度相应较小，反之则较大。

（4）连曲线

图纸上作好代表点后，按代表点的分布情况或作直线，或作曲线，表示代表点的平均变动情况。作曲线时，应先用铅笔轻轻地沿各点的变动趋势，手描一条曲线，然后用曲线板逐段拟合，使之成为一条光滑的曲线。画线时，并不一定所有的数据点都在所绘的线上，但各点应在所绘曲线的两旁均匀分布，并使代表点与曲线间的距离的平方和为最小（即符合最小二乘法)。

(5) 写图名

曲线作好后,还应在图上注上图名,图名放在图的下方。

值得注意的是,图是用形象来表达科学的语言,作图时应注意联系理论的基本原理,通常所作曲线不应当有不能解释的间断点、突变点、自身交叉或其他不正常的特性。

三、数学方程式法

数学方程式法是将实验中各变量之间的关系用解析的形式表达出来。其优点是表达简单清晰,记录方便,也便于求微分、积分或内插值。由实验数据归纳出的解析式常称为经验方程式。经验方程式是客观规律的一种近似描述,是理论探讨的线索和依据,经验方程式中的参数往往与某一物理量相联系。

欲从实验数据归纳出经验方程式,首先要建立因变量与自变量之间的数学关系模型。该数学模型至少应满足三个条件:第一,能够表达因变量与自变量之间的曲线关系;第二,能满足实验结果包含的初始条件和边界条件;第三,与其他经验方程联合导出的数学关系式也能满足实验结果包含的初始条件和边界条件。

下面介绍线性方程式拟合法。

若实验中各变量间的关系较简单时,寻找数学方程式中各常数项最方便的方法是将其直线化,即将函数 $y=f(x)$ 转换成线性函数:$y=mx+b$。设法求出 m 和 b。

当实验各变量间的函数关系可设法表达为直线方程 $y=mx+b$ 的形式时,m 和 b 的求算可采用三种方法:

(1) 图解法(已讨论过,此处略)

(2) 平均值法

平均值法的原理是正确的 m 和 b 的值应能使残差 u_i 之和为零。

u_i 是第 i 次测定的残差,其定义为:$u_i = mx_i + b - y_i$。

具体做法是将实验测得的数据 $(x_1, y_1)(x_2, y_2)\cdots(x_i, y_i)\cdots(x_n, y_n)$ 平分为两组 $(x_1, y_1)(x_2, y_2)\cdots(x_k, y_k)$ $(x_{k+1}, y_{k+1})(x_{k+2}, y_{k+2})\cdots(x_n, y_n)$

通常 $k \approx \frac{1}{2}n$,代入残差定义式,得

$$\begin{cases} \sum_{i=1}^{k} u_i = m \sum_{i=1}^{k} x_i + kb - \sum_{i=1}^{k} y_i = 0 & (1) \\ \sum_{i=k+1}^{k} u_i = m \sum_{i=k+1}^{k} x_i + (n-k)b - \sum_{i=k+1}^{k} y_i = 0 & (2) \end{cases}$$

联立方程(1)、方程(2)即可求出 m 和 b。该方法较图解法繁琐,但在有六个以上比较精密的数据时,结果比图解法好。

(3) 最小二乘法

该方法的基本原理是在有限次数的测量中,其残差之和不一定为零,但可以设想其最佳结果应能使其标准误差为最小,即 $\sum_{i=1}^{n} u_i^2$ 为最小。

令

$$S = \sum_{i=1}^{n} u_i^2 = \sum_{i=1}^{n} (mx_i + b - y_i)^2$$

$$= m^2 \sum_{i=1}^{n} x_i^2 + 2bm \sum_{i=1}^{n} x_i - 2m \sum_{i=1}^{n} x_i y_i + nb^2 - 2b \sum_{i=1}^{n} y_i + \sum_{i=1}^{n} y_i^2$$

使 S 值取极小值的必要条件是：$\left(\dfrac{\partial S}{\partial m}\right) = 0$，$\left(\dfrac{\partial S}{\partial b}\right) = 0$

即：$2m \sum_{i=1}^{n} x_i^2 + 2b \sum_{i=1}^{n} x_i - 2 \sum_{i=1}^{n} x_i y_i = 0 \qquad 2m \sum_{i=1}^{n} x_i + 2nb - 2 \sum_{i=1}^{n} y_i = 0$

联立以上二式，解得

$$m = \dfrac{n \sum_{i=1}^{n} x_i y_i - \sum_{i=1}^{n} x_i \sum_{i=1}^{n} y_i}{n \sum_{i=1}^{n} x_i^2 - (\sum_{i=1}^{n} x_i)^2} \qquad b = \dfrac{\sum_{i=1}^{n} x_i^2 \sum_{i=1}^{n} y_i - \sum_{i=1}^{n} x_i \sum_{i=1}^{n} x_i y_i}{n \sum_{i=1}^{n} x_i^2 - (\sum_{i=1}^{n} x_i)^2}$$

上述计算过程可通过计算机软件实现。

第四章

实验数据的计算机处理方法

物理化学实验中常用的数据处理方法主要有三种：
① 图形分析及公式计算；
② 用实验数据作图或对实验数据计算后作图，然后线性拟合，由拟合直线的斜率或截距求得需要的参数；
③ 非线性曲线拟合，做切线，求截距或斜率。

第①种数据处理方法用计算器即可完成，第②种和第③种需要借助软件在计算机上完成。

Excel 和 Origin 是最为常用的实验数据处理软件，其中 Excel 能非常便捷地对实验数据进行计算，同时还可以直接进行比较简单的图形绘制和数据拟合。而 Origin 则在对实验数据的积分、微分的计算、实验数据的非线性拟合以及复杂图形的绘制方面功能更为强大。

第一节 • 应用 Excel 软件处理实验数据

一、实验数据输入及计算

Excel 是广泛应用于数据管理的电子表格软件，其工作表由数个单元格组成，每个单元格具有对应的参考坐标：(列标，行号)。Excel 的数据类型有两种：常量和公式，其中常量包括文字、数值、时间等；公式则指由常量、函数、单元格引用、运算符等组成的一串序列。在单元格里可以按需要直接输入实验数据（包括文字、数值），或输入公式对实验数据进行数学处理。

1. 实验数据的输入

实验数据的输入既可以采用手动直接在单元格内输入，也可将实验数据文件或其他数学分析软件的文件转为 Excel 工作表。在物理化学实验数据处理中通常采用前一种方法。在输入过程中应注意以下几点：

① 每输入一个数据后按"Enter"键，所输入的数据按列排列；若需要按行输入实验数据，则每输入一个数据后按"Tab"键。如果需要对已输入的数据进行行列转换，则先复制所要转换的数据，然后将鼠标移至目标单元格，单击右键选择【选择性粘贴】命令；在弹出的"选择性粘贴"对话框中，选择"转置"→"确定"，在粘贴的区域中原来的行数据转换成了列数据，或是列数据转换成了行数据。

② 对一组有一定规律的数据（如：实验时间、序号等）可使用填充柄进行输入。
方法一：在两个相邻的单元格里输入第一、二个数据，用鼠标选择已输入数据的单元格并将鼠标移至第二个单元格的右下角，鼠标即变成黑色小十字——填充柄，然后按住鼠标左

键沿着要填充的方向拖曳填充柄，在拖过的单元格中会自动按已输入数据的单元格所呈现的规律进行填充。

方法二：在某个单元格里输入第一个数据，按住鼠标右键沿着要填充序列的方向拖动填充柄滑过若干单元格后，将会出现包含下列各项的填充菜单：复制单元格、以序列方式填充、……、序列，然后可以根据需要选择一种填充方式。

③ Excel常用的数字输入格式有"常规""数值"和"科学记数"，默认的是"常规"，即不包含任何特定的数字格式。物理化学实验数据表达需要考虑有效数字，因此在输入实验数据时，需设定小数点的位置，以保证数据有合适的有效数字，同时使数据排列规整。设定的方法是：选择需要设定的单元格或数据区域，单击鼠标右键选择【设置单元格格式】命令，在弹出的"单元格格式"菜单中选择"数字"标签，选择对话框左边的"数字"分类中的"数值"或"科学记数"，同时在右边的"小数位数"文本框里设定小数的位数数值。注意此种方法仅能在单元格的数字格式上进行四舍五入。

2. 实验数据的计算

对已输入的实验数据，在相应的单元格内输入公式还可以对其进行进一步的计算。公式通常包括完成某一数据运算过程所包含的运算符、数值、函数、单元格引用等，函数是公式的主要组成部分。

（1）运算符

公式中常用的算术运算符有：

加	减	乘	除	乘幂
＋	－	×	/	∧

运算顺序与一般的算术运算规则相同。

（2）函数

运用Excel对实验数据进行数学计算时经常使用各种函数，Excel函数是预先定义的、用以完成一些特定数据运算的内置公式。函数由函数名和参数两部分组成，参数放在圆括号里并紧跟在函数名后。例如求和函数"Sum"，函数表达的语法为："Sum（number1，number2……）"，函数名Sum表示该函数将要执行的运算是求和，参数（number1，number2……）则指定求和运算的对象数值或单元格数据。参数可以是常量（包括数字、文本）、数组、单元格引用，甚至是一个或几个其他的函数。参数两边的括号前后不能有空格，且括号应成对出现。当参数不止一个时，参数与参数之间用逗号","隔开。

输入函数时可以直接点击编辑栏上的"插入函数"图标fx，或者选择主菜单栏上"插入"菜单的【插入函数】命令，调出"插入函数"的对话框。在该对话框里列出了Excel内置函数的类别以及每个类别所包含的具体函数，当选择了某一函数时，在对话框的底部还列出了该函数的用途和表达式的语法。可以根据数据处理的需要选择函数，并在后续的"函数参数"的对话框里输入该函数的参数对象。如果对函数及其语法比较熟悉或者较为复杂的公式时，还可以在编辑栏或单元格里直接手动输入。

在处理基础物理化学实验数据过程中常用的函数如下：

① AVERAGE

用途：返回其参数的算术平均值。

语法：AVERAGE（number1，number2……）。

参数：参数可以是数值、数组或引用。

② SQRT

用途：返回数值的平方根。

语法：SQRT（number）。

参数：参数是正实数或引用。

③ SUM

用途：返回某一单元格区域中所有数字之和。

语法：SUM（number1，number2……）。

参数：参数可以是数值、数组或引用。

④ ROUND

用途：按指定位数四舍五入某个数字。

语法：ROUND（number，num_digit）。

参数："number"指数学运算的数值结果；"num_digit"为指定的小数位数。

⑤ EXP

用途：返回 e 的 n 次幂。

语法：EXP（number）。

参数：参数是底数 e 的指数，可以是数值或引用。

⑥ LN

用途：返回数值的自然对数。

语法：LN（number）。

参数：参数是正实数或引用。

⑦ LOG

用途：按所指定的底数返回某个数的对数。

语法：LOG（number，base）。

参数：number 是正实数或引用，base 是对数的底数。若省略底数则默认其值为 10。

⑧ POWER

用途：返回给定数字的乘幂。

语法：POWER（number，power）。

参数：number 是底数，可以是正实数或引用；power 是指数，可以用运算符"∧"代替该函数执行乘幂运算。

⑨ PI

用途：返回圆周率 π。

语法：PI（ ）。

参数：无参数。

(3) 单元格引用

单元格引用是函数中最常见的参数，引用的目的在于指出公式或函数所使用的数据位置，便于公式或函数使用工作表中的数据。单元格引用分为相对引用、绝对引用和混合引用三种。在物理化学实验数据处理中一般使用相对引用，以方便对实验数据系列进行相同的数学运算过程，但当公式中引用了某个单元格里的数值，且该数值在数据处理计算中保持为一个常数时，对该单元格的引用应为绝对引用，即在该单元格的列标及行号前均加上符号"$"。

输入公式时应注意以下几点：

① 公式的输入必须以等号（＝）开始。

② 当公式表达式中使用括号时，括号必须成对出现。

③ 如果需要对数据系列进行同一数学运算时，也可使用填充柄进行公式的填充，方法是，用鼠标选择已输入公式的单元格并将鼠标移至该单元格的右下角的填充柄，然后按住鼠标左键沿着要填充的方向拖曳填充柄。

④ 对实验数据进行数学运算的数值结果也应规定小数点的位置。其方法是使用"ROUND"函数。注意此种方法是对计算结果按指定的小数位数进行四舍五入，为使单元格内的计算结果显示正确的有效数字，还需在单元格的数字格式上进行设定，方法已在前面提及。

二、根据实验数据绘图及数据拟合

1. 根据已输入的数据绘制直角坐标系的图表

（1）绘制图表基本方法

方法一：用鼠标选择欲绘图的单元格范围并点击工具栏上的"图表向导"按钮，即可根据向导的指引一步一步地进行绘图。

方法二：直接用鼠标点击工具栏上的"图表向导"按钮，选择图表类型后在图表源数据对话框的源数据标签下的数据区域里填写欲绘图的单元格范围，再根据向导的指引进行绘图。

用以上两种方法进行绘图时，如果选择的数据范围为两列或以上时，Excel 默认的最左边的列为自变量 x，其余列为因变量 y。如果欲不按 Excel 对变量的默认进行绘图，则可在图表源数据对话框的"系列"标签下，单击"添加系列"按钮，在对应的"x""y"的文本框里按需要填入单元格范围。还可添加多个系列，在同一张图表里绘制多条曲线。

（2）图表的个性化设置

① 图表标题　绘制图表时，应同时标出图表以及坐标轴名称，方法是：在"图表向导－步骤 4 之 3－图表选项"中填写，或将鼠标置于已绘制好的图表区域内单击右键，选择所弹出菜单中的【图表选项】命令，在出现的对话框中填写。

② 坐标轴　如果需要对所绘制的图表的坐标轴格式（如：坐标原点、分度值、数字格式等）进行修改，则用鼠标选择该坐标轴，单击右键并选择所弹出菜单中【坐标轴格式】命令，在出现的对话框中进行修改。

③ 图表区　对于在已绘制的图表区的图表边框、填充色、网格线等，可以将鼠标置于相应的对象后单击右键，调出相应的对话框对相应的对象进行设置、修改或删除。

2. 实验数据拟合

物理化学实验数据处理中使用最多的图表类型是"XY 散点图"，尤其是其子图表类型中的"散点图"，因此可以对实验数据进行回归拟合，其中应用最多的是线性回归拟合。方法是：绘制实验数据的"散点图"后，将鼠标移至数据系列点的任一点上单击右键，选择所弹出菜单中的【添加趋势线】命令，在弹出的"添加趋势线"对话框的"类型"标签下选择"线性"类型，然后选中"选项"标签，选择"显示公式"和"显示 R 平方值"选项，即可得到拟合直线、直线方程及其相关系数。

三、应用实例——液体饱和蒸气压的测定

测定不同温度下乙醇液体饱和蒸气压测量系统内的压力（以真空度 Δp 表示），数据如下表所示。

$p_{大气压}=100.96\text{kPa}\quad t_{室}=27\text{℃}$

$t/℃$	25.4	28.0	30.9	34.0	37.0	40.9	44.1	46.0
$\Delta p/\text{kPa}$	-92.51	-91.22	-89.22	-87.01	-84.86	-81.55	-78.63	-75.81

由克劳修斯-克拉佩龙方程 $\ln\dfrac{p^*}{[p]}=-\dfrac{\Delta_{vap}\overline{H}_m}{RT}+A$，其中乙醇在不同温度下的饱和蒸气压 $p^*=p_{大气压}+\Delta p$；$T=273.15+t$。以 $\ln\dfrac{p^*}{[p]}$ 对 $\dfrac{1}{T}$ 作图，由直线的斜率可求取乙醇在实验测定温度范围内的平均摩尔汽化热 $\Delta_{vap}\overline{H}_m$。

(1) 建立实验数据处理表格 打开 Excel 2003，在相应的各栏中输入实验数据，如图3所示。其中 A3：A10 为恒温槽内温度的数据；B3：B10 为不同恒温槽温度下测量系统内的压力（以真空度 Δp 表示）的数据。在单元格 C3 中输入"=ROUND(1000/(273.15+A3),4)"，计算 20.1℃所对应的 $T^{-1}\times 10^3$ 的数值。将鼠标按住单元格 C3 右下角的填充柄往下拉至单元格 C10，依次计算 t℃时 $T^{-1}\times 10^3$ 的数值。在单元格 D3 中输入"=ROUND(LN(101.12+B3), 4)"，计算 25.41℃所对应乙醇液体饱和蒸气压的对数值 $\ln\dfrac{p^*}{[p]}$。将鼠标按住单元格 D3 右下角的填充柄往下拉至单元格 D10，依次计算 t℃时乙醇液体饱和蒸气压的对数值 $\ln\dfrac{p^*}{[p]}$。

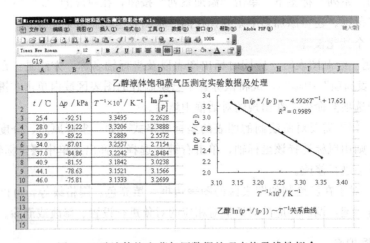

图3 乙醇液体饱和蒸气压数据处理表格及线性拟合

(2) 绘制 XY 散点图 用鼠标选择 C3：D10 单元格区域，点击工具栏上"图表向导"，选择图表类型为"XY 散点图"中的"散点图"子类型，点击"下一步"；再次点击"下一步"，弹出"图表向导－4 步骤之 3—图表选项"对话框，在"标题"标签下的"图表标题""数值（X）轴""数值（Y）轴"下的文本框里分别填入"异丙醇纯液体 $\ln(p^*/[p])\sim T^{-1}$ 关

系曲线""$T^{-1}\times 10^3/K^{-1}$"和"$\ln(p^*/[p])$)";在"网格线"标签下去掉"主要网格线"左边的"√"符号,在"图例"标签下去掉"显示图例"左边的"√"符号,点击"完成"即可得到实验数据的散点图(如图 3 所示)。

(3) 图表的个性化设置　用鼠标选择 Y 坐标轴,此时坐标轴两端出现黑色小方块。单击右键,选择弹出菜单中的【坐标轴格式】命令,在"绘图区格式"的"刻度"标签下的对话框里选择数值 Y 坐标轴的最小值为"1.5"。

将鼠标置于散点图区域内单击右键,选择弹出菜单中的【绘图区格式】命令,在"绘图区格式"对话框里选择区域的颜色为"白色";选择边框为"无"。

将鼠标置于散点图区域内单击左键,散点图区域出现一矩形虚框,用鼠标将虚框向上移动至图表的上沿,再用鼠标选择图表标题并移至图表的底部。

将鼠标分别置于图表标题、X 轴名称内部单击左键使之呈插入状态,分别选择其中的"-1""3"后单击右键,选择弹出菜单中的【坐标轴标题格式】命令,在出现的对话框里选择"字体"标签下的"上标"选项,使之呈上标状态。

(4) 实验数据的线性拟合　用鼠标选择散点图上的任意一个数据点,单击鼠标右键,选择所弹出菜单里的【添加趋势线】命令。在出现的"添加趋势线"对话框里,在"类型"标签下选择趋势线类型为"线性";在"选项"的标签下选择"显示公式"和"显示 R 平方值",单击"确定",即可完成实验数据的线性拟合,同时得到拟合方程(如图 3 所示)。

第二节·应用 Origin 9.0 软件处理实验数据

Origin 是 Windows 平台下用于数据分析、项目绘图的软件,其功能强大,具有快速、灵活、使用简便等优点,是科技工作者普遍用于数据分析、科研绘图的软件。

Origin 软件数据处理基本功能有:对数据进行函数计算或输入表达式计算,数据排序,选择需要的数据范围,数据统计、分类、计数、关联等。Origin 软件图形处理基本功能有:数据点屏蔽,平滑,FFT 滤波,差分与积分,基线校正,水平与垂直转换,多个曲线平均,插值与外推,线性拟合,多项式拟合,指数衰减拟合,指数增长拟合,S 形拟合,Gaussian 拟合,Lorentzian 拟合,多峰拟合,非线性拟合等。

物理化学实验数据处理主要用到 Origin 软件的如下功能:对数据进行函数计算或输入表达式计算、数据点屏蔽、线性拟合、插值与外推、多项式拟合和非线性拟合等。

关于 Origin 软件更详细的用法,参考相应实验的附录。

第二部分 基础实验

实验一
液体饱和蒸气压的测定

一、实验目的

1. 明确纯液体饱和蒸气压的定义和气液两相平衡的概念,深入了解纯液体饱和蒸气压与温度的关系——克劳修斯-克拉贝龙(Clausius-Clapeyron)方程式。
2. 用静态法测定不同温度下乙醇的饱和蒸气压,初步掌握低真空实验技术。
3. 学会用图解法求出实验温度范围内乙醇的平均摩尔汽化热 $\overline{\Delta_{vap}H_m}$。

二、实验原理

一定温度下,与纯液体处于平衡状态时的蒸气压力称为该温度下该纯液体的饱和蒸气压。纯液体的蒸气压与温度有关,它们之间的关系遵从克劳修斯-克拉贝龙方程

$$\frac{\mathrm{d}\ln\dfrac{p^*}{[p]}}{\mathrm{d}T}=\frac{\Delta_{vap}H_m}{RT^2} \tag{1-1}$$

式中,p^* 为温度 T 时纯液体的饱和蒸气压;$\Delta_{vap}H_m$ 为液体的摩尔汽化热;T 为热力学温度。

若温度变化范围不大,$\Delta_{vap}H_m$ 与温度无关,即为平均摩尔汽化热 $\overline{\Delta_{vap}H_m}$,则积分式(1-1),得

$$\ln\frac{p^*}{[p]}=-\frac{\overline{\Delta_{vap}H_m}}{RT}+A \tag{1-2}$$

因此,在一定温度范围内,测定不同温度下的饱和蒸气压,作 $\ln\dfrac{p^*}{[p]}-\dfrac{1}{T}$ 关系图,可得线性关系,由该线性关系图的斜率可求取实验温度范围内液体的平均摩尔汽化热。当外压为 101.325kPa 时,液体的蒸气压与外压相等时的温度称为该液体的正常沸点。

本实验采用静态法测定不同温度下乙醇的饱和蒸气压。

静态法用等压计（又称平衡管）测定纯液体的饱和蒸气压。等压计的结构示意如图 1-1 所示。待测液体置于 A 球及 U 形管中，U 形管中的液体将 A 球内液体及上方的空间与外界相隔离，形成密闭的系统。如果 A 球内液体上方仅含有液体本身的蒸汽，则在一定温度下，当 U 形管中 B、C 两端的液面在同一水平时，测定 U 形管 C 端上方气体的压力，即为该温度下 A 球内液体的饱和蒸气压。

静态法常用于易挥发液体饱和蒸气压的测量，也可用于固体加热分解平衡压的测量。

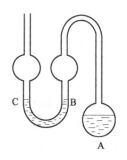

图 1-1 等压计结构示意图

三、仪器与试剂

DP-A 精密数字压力计	1 台	等压计（带冷凝管）	1 支
SWQ 智能数字恒温控制器	1 台	SYP 玻璃恒温水浴	1 套
真空泵	1 台	缓冲储气罐 1 个	无水乙醇（分析纯）

四、实验步骤

实验装置图如图 1-2 所示。

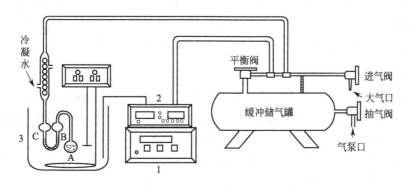

图 1-2 静态法测定乙醇饱和蒸气压装置示意图
1—DP-A 精密数字压力计；2—SWQ 智能数字恒温控制器；3—SYP 玻璃恒温水浴

1. 调节恒温水浴

打开 SWQ 智能数字恒温控制器电源开关，将 Pt100 电阻温度计插入玻璃恒温水浴中，调节恒温水浴温度高于室温 2～3℃，同时打开搅拌器匀速搅拌。接通冷凝水。

2. 压力计采零

打开 DP-A 精密数字压力计电源开关，打开进气阀，关闭平衡阀，观察压力计面板上显示的数值，待所显示的数值稳定后，按下压力计面板上的采零键，显示 00.00 数值（即以大气压为测量零点），同时记下当前大气压数值。

3. 系统气密性检查

① 关闭抽气阀和进气阀，打开平衡阀；

② 开启真空泵，再略微打开抽气阀对系统减压，至压力计读数为 50kPa 左右，关闭抽气阀；

③ 观察数字压力计。若压力计所显示的压力数值在 1min 内保持不变，说明整体气密性良好。否则应逐段检查，并排除漏气原因，直至满足实验要求。

4. 系统排气

先关闭平衡阀，完全打开抽气阀。随后略微开启平衡阀，继续对系统减压，使 A 球与 U 形管之间的空气通过 U 形管中的液封乙醇逸出，气泡以一个一个地逸出为宜（若气泡逸出过快，会使 U 形管中的液封乙醇消耗殆尽，致使实验失败）。当气泡逸出的速率逐渐减缓，U 形管液体有明显回落现象（C 端高，B 端低）时，可关闭平衡阀、抽气阀及真空泵。缓缓打开进气阀漏入空气，调节至 U 形管两臂的液面等高时，再关闭进气阀，记下此时恒温槽的温度和压力计显示的压力值。

再重新略微打开平衡阀，对系统继续减压 1～2min 后，再关闭平衡阀。打开进气阀漏入空气，调节至 U 形管两臂的液面等高时，关闭进气阀，并记下压力值。当两次测量的压力值差不超过 0.10kPa，可认为 A 球上方空间内的空气已排尽，否则要开启真空泵重复上述排气操作。

5. 液体饱和蒸气压测定

调节恒温槽使温度上升 3℃。待恒温 10min 后，缓慢打开进气阀调节 U 形管臂的液面等高，记下此时恒温槽的温度及压力计显示的压力值。依次调节恒温槽温度，使之比前一次测量温度高 3℃，重复以上操作，共测量 6～8 个温度下的压力值。

6. 结束实验

关闭恒温水浴的加热、搅拌开关及冷凝水。开启进气阀与平衡阀使等压计缓慢增压（空气通过 U 形管逸入，并且是一个一个气泡逸入为宜），至压力计回零。打开抽气阀使缓冲储气罐中压力与大气压平衡。最后，关闭温控仪及压力计的电源开关。

五、注意事项

1. 实验成功的关键之一是测量系统不能漏气；关键之二是 A 球上方的空气是否彻底排净。因此，当打开进气阀进入空气时，切记动作应缓慢，以防进气阀打开过快造成空气倒灌，致使实验失败。如果发生了空气倒灌，则须重新进行排气操作。

2. 实验开始时，应保证等压计放置在恒温槽的水面之下，同时等压计 U 形管内液体的体积应占 U 形管的 2/3，液体过多或过少都会影响测量结果。

3. 升温过程中，需将恒温槽的加热挡放在"弱"位，以防热惯性过大造成温度波动过大。

4. 升温时，应注意适时调节进气阀，使 U 形管 C 管液面略高于 B 管或两端液面等高，防止由于样品蒸气压升高使 U 形管内液体大量蒸发而产生暴沸，导致无法测量。

5. 当开启进气阀漏入过多空气使 U 形管 C 端液面低于 B 端液面时，可先关闭进气阀，略打开平衡阀，利用缓冲储气罐中的真空度对 C 端液面进行减压，提升 C 端液面。

6. 用进气阀或平衡阀调节 U 形管两臂的液面高度至合适后，应及时关闭该阀。

六、实验原始数据记录

室温：_____ 大气压：_____

$T/℃$					…
真空度/kPa					…

七、实验数据处理

1. 计算不同温度下乙醇的饱和蒸气压及其他数值，并填入下表中。

序号	T/K	$\frac{1}{T}\times 10^3/\mathrm{K}^{-1}$	p^*(乙醇)/kPa	$\ln\frac{p^*}{[p]}$
1				
2				
...				

2. 作 $\ln\dfrac{p^*}{[p]}-\dfrac{1}{T}$ 关系曲线，求出实验温度范围内乙醇的平均摩尔汽化热 $\overline{\Delta_{\mathrm{vap}}H_{\mathrm{m}}}$。

八、思考题

1. 静态法能否用于测定溶液的蒸气压？为什么？
2. 若实验过程中，A 球上方混入了空气，是否会对实验结果产生影响呢？为什么？
3. 本实验采用升温的程序进行实验，若采用降温的程序，如何操作才能测定液体的饱和蒸气压？

九、文献值

$0\sim40$℃范围内，$\Delta_{\mathrm{vap}}H_{\mathrm{m}}$（乙醇）$=42.80\mathrm{kJ\cdot mol}^{-1}$

摘自：印永嘉编. 物理化学简明手册. 北京：高等教育出版社，1988.103.

附

1. SWQ 智能数字恒温控制仪（见图 1-3）使用方法

（1）按键说明

1 为电源开关；2 为实测温度显示窗口；3 为设定温度显示窗口；4 为恒温指示灯，此灯亮表示处于恒温状态；5 为工作指示灯，此灯亮表示系统处于升温状态；6 为回差指示灯，灯亮表示相应回差被选择；7 为回差键，按下此键选择需要的回差值；8、9、10 配合使用可设定所需温度，其中 8 键用于选择设定温度的位数，9、10 键用于调节数字大小；11 为复位键，按下此键，仪表返回开机时的状态。

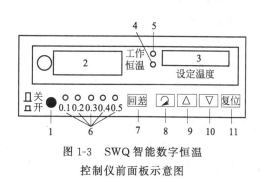

图 1-3 SWQ 智能数字恒温控制仪前面板示意图

（2）操作步骤　打开电源开关
　　└→按 回差 键选择回差值
　　　　└→按 8、9、10 键设置控制温度
　　　　　　└→再次按 8 键仪表转换到工作状态

2. DP-A 精密数字压力计的使用方法

（1）按键说明　 单位 键：接通电源，初始状态 kPa 指示灯亮，LED 显示以 kPa 为计量单位的压力值；按一下 单位 键，mmHg 或 mmH$_2$O 指示灯亮，LED 显示以 mmHg 或 mmH$_2$O 为计量单位的压力值。

采零键：在测试前必须按一下 采零 键，使仪表自动扣除传感器零压力值（零点漂移），LED显示为"0000"，保证测试时显示值为被测介质的实际压力值。

复位键：按下此键，可重新启动CPU，仪表即可返回初始状态。一般用于死机时，在正常测试中，不应按此键。

（2）操作步骤　打开电源开关，预热2min→采零→气密性检查→测试→关机（先泄压，再关电源）。

3. SYP玻璃恒温水浴使用方法

（1）接通电源。

（2）根据所需控温温度和加热速率选择水浴前面板上的"开""关""快""慢""强""弱"等开关，加热系统进入加热准备状态。注意：开始加热时，为使升温速率尽可能快，可将加热器置于"强"的位置，待恒温槽温度接近所设温度时（达到设置温度前2~3℃），应将加热器置于"弱"的位置，以减缓升温速度，减小加热丝余热对恒温槽的影响。

（3）关机：首先关闭SWQ智能数字恒温控制器电源开关，然后关闭水浴电源开关。

4. 真空泵工作原理及使用方法

实验室常用的真空泵为旋片式真空泵，如图1-4所示。它主要由泵体和偏心转子组成。经过精密加工的偏心转子下面安装有带弹簧的滑片，由电机带动，偏心转子紧贴泵腔壁旋转。滑片靠弹簧的压力也紧贴泵腔壁。滑片在泵腔中连续运转，使泵腔被滑片分成的两个不同的容积呈周期性的扩大和缩小。气体从进气嘴进入，被压缩后经过排气阀排出泵体外。如此循环往复，将系统内的压力减小。

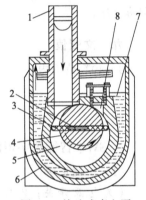

图1-4　旋片式真空泵结构示意图

1—进气嘴；2—旋片弹簧；
3—旋片；4—转子；5—泵体；
6—油箱；7—真空泵油；
8—排气嘴

旋片式机械泵的整个机件浸在真空油中，这种油的蒸气压很低，既可起润滑作用，又可起封闭微小的漏气和冷却机件的作用。

在使用机械泵时应注意以下几点：

① 机械泵不能直接抽含可凝性气体的蒸气、挥发性液体等。因为这些气体进入泵后会破坏泵油的品质，降低油在泵内的密封和润滑作用，甚至会导致泵的机件生锈。因而必须在可凝气体进泵前先通过纯化装置。例如，用无水氯化钙、五氧化二磷、分子筛等吸收水分；用石蜡吸收有机蒸气；用活性炭或硅胶吸收其他蒸气等。

② 机械泵不能用来抽含腐蚀性成分的气体。如含氯化氢、氯气、二氧化氮等的气体。因这类气体能迅速侵蚀泵中精密加工的机件表面，使泵漏气，不能达到所要求的真空度。遇到这种情况时，应当使气体在进泵前先通过装有氢氧化钠固体的吸收瓶，以除去有害气体。

③ 机械泵由电机带动。使用时应注意马达的电压。若是三相电动机带动的泵，第一次使用时特别要注意三相马达旋转方向是否正确。正常运转时不应有摩擦、金属碰击等异声。运转时电动机温度不能超过50~60℃。

④ 机械泵的进气口前应安装一个三通活塞。停止抽气时应使机械泵与抽空系统隔开而与大气相通，然后再关闭电源。这样既可保持系统的真空度，又避免泵油倒吸。

使用方法：

- 先检查进气管前的玻璃三通活塞以及实验台面上的铜制三通活塞是否处于"开通"状态，然后再插上电源插头。
- 泵进气口连续接通大气时运转不得超过1min。
- 停止油泵运转前，应使泵与大气相通，以免泵油倒吸冲入系统。
- 在泵工作过程中，实验室突然断电或停电，此时应迅速打开抽气气瓶的放空活塞，以免真空油被压入抽气瓶及造成系统污染并影响泵的正常工作。

5. 液体饱和蒸气压的测定方法

液体饱和蒸气压的测定主要有以下三种方法：

① 静态法 将待测液体放入一个密闭的系统中，在不同温度下调节减压系统的压力，使之与液体的饱和蒸气压相等，直接测定液体的饱和蒸气压。具体的测量过程又可通过升温和降温两种方式进行。静态法一般使用于蒸气压较低的液体，且由于利用等压计U形管两端液面等高指示平衡，故测量的准确性较高。但是对在较高温度下液体蒸气压的测量，则由于温度难以精确控制，使蒸气压测量的准确度较差。

② 动态法 在一定外压下，当液体的蒸气压与外压相等时液体沸腾，连续改变测量系统的压力，测定液体的沸点，即可得到液体的蒸气压。动态法对温度控制的要求不高，适用于沸点较低的液体。

③ 饱和气流法 将一定体积的惰性气体通入待测液体并使之达到饱和，然后称量吸收物质所增加的质量，便可计算蒸气的分压，即为该液体的饱和蒸气压。饱和气流法还可用于测量易挥发固体的蒸气压，但是由于饱和状态不易真正达到，该方法通常只用于求取溶液蒸气压的相对降低。

实验二

燃烧热的测定

一、实验目的

1. 掌握恒温式微机热量计的原理、构造及实验技术。
2. 用恒温式微机热量计测定萘的燃烧热。

二、实验原理

物质的摩尔燃烧热是指：在反应温度 T 时，1mol 物质完全氧化为同温下的指定产物时系统与环境所交换的热。当完全氧化反应在恒容条件下进行时，燃烧热为恒容燃烧热 $Q_V = \Delta U$；当完全氧化反应在恒压条件下进行时，燃烧热为恒压燃烧热，$Q_p = \Delta H$。若把参与反应的气体视为理想气体，则有：

$$\Delta_r H_m = \Delta_r U_m + RT \sum_B \nu_B(g)$$

化学反应热效应的测量用量热法进行。本实验用恒温式微机热量计测量萘的摩尔燃烧热。由于该热量计测量物质的燃烧热是在恒容条件下进行的，故测定的是恒容燃烧热 Q_V。

氧弹式热量计和恒温式微机热量计的示意如图 2-1 和图 2-2 所示。

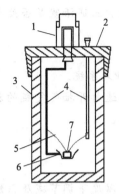
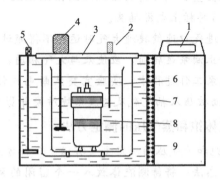

图 2-1 氧弹式热量计剖面图
1—充气阀兼电极；2—弹盖；3—弹体；4—电极；
5—镍铬丝；6—燃烧皿；7—样品片

图 2-2 SHR-15B 恒温式微机热量计示意图
1—面板；2—铂电阻测温探头；3—上盖；
4—内搅拌器；5—外搅拌器（手动）；
6—内筒；7—水夹套；8—氧弹；9—隔热板

其原理是依据能量守恒定律，将一定量待测物质样品在热量计中完全燃烧，燃烧后放出的热量使氧弹本身及其周围介质（本实验用水）和内筒等相关附件的温度升高。通过测定燃烧前后介质温度的变化值，就可以计算出该样品的燃烧热。其能量衡算关系如下：

$$m_{样}Q_V = (m_{水}C_{水} + C_{计})\Delta t - \Sigma q$$

式中，$m_{样}$ 为样品的质量，g；Q_V 为样品的恒容燃烧热，J·g^{-1}；$m_{水}$ 和 $C_{水}$ 为以水为测量介质时水的质量和比热容；$C_{计}$ 为热量计的热容量，即除水之外热量计升高 1℃ 所需的热量，J·℃$^{-1}$；Δt 为样品燃烧前后水温的变化值；Σq 为点火、搅拌等各种附加热总和，J·g^{-1}。

热量计的热容量 $C_{计}$ 可以通过已知燃烧热的标准物（如：苯甲酸，$Q_V = -26.475$ kJ·g^{-1}）来标定。$m_{水}$ 和 Σq 在本实验中为一定值，Σq 由仪器扣除。由于本实验热量计的工作方式为环境恒温式，内筒与水夹套之间存在热传递，故 Δt 的测量值需用雷诺作图法予以校正（在本实验中由计算机软件进行校正）。

三、仪器与试剂

SHR-15B 恒温式微机热量计	一套	容量瓶（1000mL）	2 个
氧气钢瓶、充氧器	一套	大烧杯（500mL）	1 个
压片机	一台	玻璃水浴（3000mL）	1 个
苯甲酸、萘	分析纯	计算机及打印机	各一台

四、实验步骤

1. 标定热量计热容量（水当量）

（1）用台秤称取 0.4～0.6g 苯甲酸，在压片机上稍用力压成片状。将片状样品用小毛刷刷去沾附的粉末，放在氧弹内的燃烧皿中在电子天平上准确称重。

（2）取 10cm 长随同仪器配给的镍铬丝（燃烧丝），两端分别连接在氧弹内的两个电极柱上，将镍铬丝中部形成垂直向下的弧状 V 字形，且弧状 V 字形底部紧贴在样品片的表面，或者将镍铬丝的中部在细铁钉上绕成螺旋形约 5 圈，再将螺旋部分紧贴样品的表面。

（3）在氧弹内加入 10mL 去离子水，拧紧氧弹后开始充氧。打开氧气钢瓶阀门，向氧弹中充入 2.5MPa 的氧气。钢瓶和气体阀门的使用方法参见本实验附录部分。

（4）在玻璃水浴中放入适量的自来水，适当调节水温，使其低于热量计水夹套（又称外筒）温度 0.5℃ 左右，用容量瓶准确量取 3000mL，将水加入热量计内筒中。

（5）将充好氧气的氧弹放在内筒中的固定座上，插上点火电极插头，盖上筒盖，点火线压在盖边缘的线槽内。

（6）将热量计仪器上的温度传感器插入内筒水中，打开仪器电源开关，开动搅拌开关，待温度稳定后，采零并锁定。再将温度传感器插入外筒中，待温度稳定后记下温度值，作为内外筒的温差值。

（7）启动计算机中的"燃烧热实验软件"，在"水当量"测量模块中，依次在输入框中输入外筒温差值，样品质量，燃烧丝系数（为 4.2），棉线质量（系数为 0）。菜单栏中设置系统的通信端口为 COM3。

（8）开始采集数据，将温度传感器重新插入内筒中，待温度稳定后，点击软件中的"开始绘图"开始采集数据并绘图，5min 后按下热量计上的点火按钮，继续采集数据。

（9）停止绘图并保存数据，待数据记录约 17min 后（此时样品已燃烧完全），停止绘图，并保存数据。

（10）关闭仪器搅拌开关，取出温度传感器，取出氧弹并测量氧弹内剩余燃烧丝长度，在软件输入框中输入燃烧丝燃烧部分的长度，点击自动校正（软件自动按照雷诺温度校正方法进行），得到校正后的内筒水在燃烧前后的温差值，点击计算水当量，获得实验结果（即标定的热量计热容量值）并保存数据。

2. 萘的燃烧热测定

萘的用量约 0.4g。接下来的操作包括压片，称重，穿丝，充氧，调节水温。仪器及软件操作与标定热量计热容量的过程类似，在软件中的"待测物质"测量模块中，室内温度输入框中输入外筒的实际测量温度（℃）。

样品点燃及燃烧完全与否，是本实验关键的步骤，若发现氧弹内有黑色残渣，则应重做实验。

五、注意事项

1. 压片前，将压片机的有关部件及氧弹燃烧皿拭净，样品压片的松紧度应合适。
2. 氧弹电极上的镍铬丝与样片应稳定接触，且不能使其接触到燃烧皿，否则易造成短路。
3. 向氧弹内放去离子水之前，应将氧弹筒洗净，然后将其内部的水拭去。
4. 将氧弹放入热量计内筒时，将点火电极插孔及氧弹提手朝向操作者一面，防止氧弹提手与搅拌杆相撞。
5. 测量结束后，关闭搅拌开关，将温度传感器插入外筒上的插口处，打开筒盖，将点火电极直接拔起；取出氧弹后用针阀开启放气阀（即充气阀），放出燃烧的废气，打开氧弹，倒掉里面的水，用自来水洗净。

六、实验原始数据记录

室温：_____；大气压：_____

m（苯甲酸）＝_____；m（萘）＝_____；t（水夹套）＝_____

计算机处理并打印结果。

七、实验数据处理

1. 计算机处理并打印实验结果。
2. 由实验测得的萘的恒容燃烧热计算其摩尔燃烧焓。
3. 根据文献值计算实验的相对误差。

八、思考题

1. 在燃烧热实验中，哪些是系统？哪些是环境？系统与环境之间有无热交换？
2. 如何由萘的摩尔燃烧焓计算其摩尔生成焓？
3. 固体样品为什么要压成片状？

九、附表及文献值

1. 文献值为：298.15K 时，$\Delta_r H_m$（萘）$= -5153.85 \text{kJ} \cdot \text{mol}^{-1}$

摘自：Handbook of Chemistry and Physics. 63th Ed. D-284.

2. 参加反应的各物质的平均摩尔等压热容值

物质	$C_{10}H_8(s)$	$O_2(g)$	$CO_2(g)$	$H_2O(l)$
$C_{p,m}^{\ominus}/(\text{J}\cdot\text{mol}^{-1}\cdot\text{K}^{-1})$	165.7	29.4	37.13	75.35

摘自：Lange's Handbook of Chemistry. 15th Edition.

附

1. 雷诺温度校正

实际测量中，热量计与周围环境的热交换无法完全避免，它对温度测量值的影响可用雷诺温度校正图进行校正。

若燃烧过程中热量计温度随时间变化的曲线如图 2-3 中的曲线 FHDG 所示。其中 FH 段表示实验前期，H 点相当于开始燃烧之点；HD 段相当于燃烧反应期；DG 段则为后期。由于热量计与周围环境之间有热量交换，所以曲线 FH 和 DG 常常发生倾斜，在量热实验中所测得的温度变化值 ΔT 的确定方法是：从相当于室温的 J 点作横坐标的平行线与曲线 FHDG 相交于 I 点；然后过 I 点作垂线 ab，该垂线与 FH 线和 DG 线的延长线分别交于 A、C 两点，则 A、C 两点所表示的温度差即为所求的燃烧前后温度的变化值 ΔT。图中 AA' 表示在开始燃烧到温度上升到室温这一段时间 Δt_1 内，由环境辐射进来的热量所造成的温度升高，应予以扣除；而 CC' 表示在一室温升高到最高点 D 这一段时间 Δt_2 内，因量热计向环境辐射出去的热量所造成的温度降低，计算时必须考虑在内。因此经过上述温度校正所得的温度差 AC 比较客观地表示了由于样品燃烧使量热计温度升高的数值。

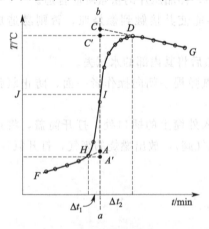

图 2-3 雷诺温度校正图

2. 氧气减压阀的工作原理及使用方法

氧气减压阀的内部结构如图 2-4 所示。

氧气减压阀的高压气室与钢瓶连接，低压气室为气体出口，并通往使用系统。高压表的示值为钢瓶内贮存气体的压力。低压表的出口压力可由调节螺杆控制。

使用时先打开钢瓶总开关，然后顺时针转动低压表压力调节螺杆，使其压缩主弹簧并传动薄膜、弹簧垫块和顶杆而将活门打开。这样进口的高压气体由高压室经节流减压后进入低压室，并经出口通往工作系统。转动调节螺杆，改变活门开启的高度，从而调节高压气体的通过量并达到所需的压力值。

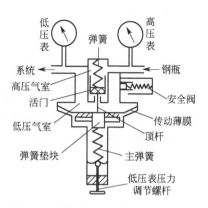

图 2-4 氧化减压阀内部结构示意图

减压阀装有安全阀，用于保护减压阀并使之安全使用，同时也是减压阀出现故障的信号装置。如果由于活门垫、活门损坏或由于其他原因，导致出口压力自行上升并超过一定许可值时，安全阀会自动打开排气。

氧气减压阀的使用方法如下：

① 按使用要求的不同，氧气减压阀有多种规格。最高进口压力大多为 $150\text{kg}\cdot\text{cm}^{-2}$（约 $150\times10^5\text{Pa}$），最低进口压力不小于出口压力的 2.5 倍。出口压力规格较多，一般为 $0\sim1\text{kg}\cdot\text{cm}^{-2}$（$1\times10^5\text{Pa}$），最高出口压力为 $40\text{kg}\cdot\text{cm}^{-2}$（约 $40\times10^5\text{Pa}$）。

② 安装减压阀时应确定其连接规格是否与钢瓶和使用系统的接头相一致。减压阀与钢瓶采用半球面连接，靠旋紧螺母使二者完全吻合。因此，在使用时应保持两个半球面的光洁，以确保良好的气密效果。安装前可用高压气体吹除灰尘。必要时也可用聚四氟乙烯等材料作垫圈。

③ 氧气减压阀应严禁接触油脂，以免发生火警事故。

④ 停止工作时，应将减压阀中余气放净，然后拧松调节螺杆以免弹性元件长久受压变形。

⑤ 减压阀应避免撞击振动，不可与腐蚀性物质相接触。

实验三

凝固点降低法测定摩尔质量

一、实验目的

1. 用凝固点降低法测定萘的摩尔质量。
2. 掌握溶液凝固点的测定技术。
3. 通过实验加深对稀溶液依数性的理解。

二、实验原理

凝固点降低是理想稀溶液的依数性质之一。含非挥发性溶质的二元稀溶液（当析出物为纯固相溶剂时）的凝固点降低值与溶液组成之间的关系为

$$T_f^* - T_f = \Delta T_f = \frac{R(T_f^*)^2}{\Delta_f H_m^*} x_B \tag{3-1}$$

式中，T_f^* 为纯溶剂的凝固点，℃；T_f 为稀溶液的凝固点，℃；ΔT_f 为凝固点降低值，℃；x_B 为溶液中溶质的摩尔分数；$\Delta_f H_m^*$ 为纯溶剂的摩尔凝固焓，kJ·mol^{-1}。

当溶液的浓度很稀时，式(3-1) 可改写为

$$\Delta T_f = K_f \frac{m(B)}{m(A)M_B} \tag{3-2}$$

$$M_B = K_f \frac{m(B)}{\Delta T_f m(A)} \tag{3-3}$$

式中，K_f 为凝固点降低常数，℃·mol^{-1}·kg；$m(A)$ 为溶剂的质量，kg；$m(B)$ 为溶质的质量，kg；M_B 为溶质的摩尔质量，kg·mol^{-1}。

将一定量的溶剂 A 和溶质 B 组成理想稀溶液，分别测定纯溶剂和溶液的凝固点，求得 ΔT_f，再查得溶剂的凝固点降低常数，代入式(3-3)，即可计算溶质的相对摩尔质量。

通常凝固点的测定方法是将已知浓度的溶液（或纯溶剂）逐步冷却，记录一定时刻 t 时系统的温度，并绘出冷却曲线。纯溶剂的凝固点是其液相与固相共存时的平衡温度，在冷却曲线上为水平线所处的温度，如图 3-1（Ⅰ）所示。溶液的凝固点则是该溶液的液相与析出的纯溶剂的固相共存时的平衡温度，其冷却曲线形状与纯溶剂的不同，如图 3-1（Ⅲ）所示。

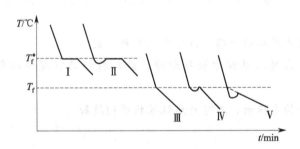

图 3-1 冷却曲线

但是在实际冷却过程中，会发生过冷现象，即在冷却过程中当温度达到纯溶剂或溶液的正常凝固点时并没有固相析出，只有温度继续下降才开始析出固相，而由此放出的凝固热又使测量系统的温度回升到平衡温度，在冷却曲线上显示为一个凹槽，如图 3-1（Ⅱ）（Ⅳ）所示。产生过冷现象是由于在正常凝固点所析出的纯溶剂为细晶，相对于通常两相平衡时的平板结晶，细晶具有更高的化学势而无法稳定存在，必须继续降温才能析出结晶。

图 3-1（Ⅳ）所示曲线表明，控制合适的过冷程度将会促使温度回升尽量接近平衡值，有利于溶液凝固点的判断。如果过冷严重，冷却曲线如图 3-1（Ⅴ）所示，所测得的凝固点偏低，将会影响实验测定结果。过冷程度的控制可通过控制寒剂的温度、搅拌速度等方法

实现。

在本实验采用SWC-LG$_A$型凝固点测定仪测定环己烷、萘的环己烷稀溶液在逐冷却却过程中系统温度随时间的变化数据，并绘制相应的冷却曲线。由冷却曲线确定环己烷、萘的环己烷稀溶液的凝固点，由式(3-3)计算萘的相对摩尔质量。

三、仪器与试剂

SWC-LG$_A$型凝固点测定仪	1台	SWC-Ⅱ数字贝克曼温度计	1台
分析天平	1台	水银温度计	1支
500mL烧杯	1只	25mL移液管	1支
环己烷、萘	分析纯	冰块	

四、实验步骤

1. 将凝固点测定仪中的内管洗净烘干。

2. 打开数字贝克曼温度计和凝固点测定仪的电源（图3-2），预热数分钟。记录数字贝克曼温度计上显示的室温。

3. 从加冰口向冰槽中放入适量的冰和自来水，调节冰浴的温度为2.5~3.0℃。在实验过程中应经常用冰槽搅拌器搅拌并间断地补充少量的冰，使寒剂的温度保持恒定。

4. 用移液管取25mL环己烷注入内管，加入一粒搅拌子后放入凝固点测定仪的空气管中，插入Pt100电阻温度计，打开搅拌器电源开关。

5. 待温度下降至一定数值时开始记录数据，每30s记录一次，直至温度不变。取出内管，用手温热环己烷晶体使之熔化，再插入空气管中。重复上述步骤，测定2~3次。

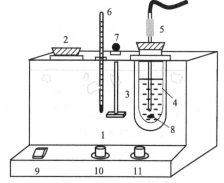

图3-2 SWC-LG$_A$凝固点测定仪

1—冰槽；2—加冰口；3—空气管；4—内管；
5—Pt100电阻温度计；6—精密温度计；
7—冰槽搅拌器；8—搅拌子；9—电源开关；
10—初测搅拌调节；11—空气管搅拌调节

6. 关闭搅拌器电源开关，取出内管，用手温热环己烷晶体，使之熔化。准确称0.15g左右的萘加入内管中，搅拌使其全部溶解。将其插入空气管中，打开搅拌器电源开关。待温度下降至一定数值时开始记录数据，每30s记录一次，直至出现温度的转折点后再记录若干数据为止。

五、注意事项

1. 寒剂的温度不能过低，否则过冷现象严重，影响溶质摩尔质量的测定结果。

2. 电阻温度计一旦插入装有溶液（剂）的内管后，就不要从内管中完全拿出，防止溶剂挥发或滴漏，造成溶液浓度发生变化。

3. 取出内管时，应先关闭搅拌器电源开关。

4. 加入萘的时候，尽量将萘直接放入溶剂中，注意不要将萘附着在内管壁上，造成溶液浓度的误差。

六、实验原始数据记录

室温：_____ 大气压：_____ $m(萘)=$_____

t/30s	环己烷冷却曲线测定数据		t/30s	环己烷-萘冷却曲线测定数据	
	T/℃			T/℃	
	1	2		1	2
1			1		
2			2		
…			…		

七、实验数据处理

1. 在同一直角坐标系中分别画出溶剂和溶液的冷却曲线，用外推法求其凝固点，然后求出凝固点的降低值 ΔT_f。
2. 计算萘在环己烷中的相对摩尔质量，判断萘在环己烷中的存在形式，所需物性常数见文献值。
3. 将实验值与理论值比较，计算测定的相对误差。

八、思考题

1. 溶质用量选择的原则是什么？溶质太多或太少会对实验结果产生什么影响？
2. 用凝固点降低法测定摩尔质量在选择溶剂时应考虑哪些因素？
3. 当溶质在溶液中有离解、缔合或生成络合物时，对其摩尔质量的测定有什么影响？
4. 本实验方法是否能测定电解质的摩尔质量？

九、文献值

1. 0~65℃环己烷密度与温度的关系

$$\rho_t/\text{g·cm}^{-3}=0.7971-0.8879\times10^{-3}t/℃-0.972\times10^{-6}(t/℃)^2$$

2. 环己烷的凝固点降低常数 $K_f=20.0℃·\text{mol}^{-1}·\text{kg}$。
3. 萘摩尔质量理论值：$M(萘)=128.1732\text{g·mol}^{-1}$。

附

1. 冷却曲线的计算机绘制方法

(1) 在 Excel 工作表相邻的两列中分别输入 "30s" 的时间间隔数和对应的温度值。

(2) 用鼠标选择实验数据单元格区域后，单击工具栏上的图表向导按钮，在 "图表向导—4 步骤之 1—图表类型" 中选择图表类型为 "XY 散点图" 的 "平滑线散点图" 子类型，作出平滑线散点图，即为冷却曲线。

(3) 若欲在同一坐标系中绘制多条冷却曲线，作图步骤如下：

① 先绘制一条冷却曲线，然后在曲线图的区域内单击右键，在弹出的右键菜单中选择【源数据】命令。

② 在弹出的"源数据"对话框的"系列"标签下，单击"添加"按钮新添加一个数据系列。

③ 用鼠标单击"X值（X）"文本框右边的图标，"源数据"对话框缩小变为"源数据—X值"的对话框。用鼠标选择X值对应的数据单元格区域后，用鼠标再次单击图标，"源数据"对话框还原，"X值（X）"文本框中将显示出X值对应的数据单元格区域的行、列号值。用同样的方法在"Y值（X）"文本框内填入Y值对应的数据单元格区域的行、列号值。

④ 单击确定后，在冷却曲线图中将出现两条冷却曲线。

注意：为了使所作的冷却曲线均匀地分布在坐标系中，应适当地选择各条冷却曲线中时间间隔的起始值。例如：若欲在同一坐标系中作出两条纯溶剂的冷却曲线，第一条冷却曲线的起始时间间隔为"1"，则第二条的冷却曲线的起始时间间隔数可选择为"35"（此处可以边作图边调整）。

2. SWC-Ⅱ数字贝克曼温度计的使用方法

SWC-Ⅱ数字贝克曼温度计前面板如图 3-3 所示。

图 3-3　SWC-Ⅱ数字贝克曼温度计前面板示意图

使用方法如下：

① 将传感器接口插入仪器后盖板上的"传感器插座"（槽口对准）；将电源插口接入仪器后盖板上的"电源插座"；将传感器按要求插入被测系统中。

② 打开电源开关，此时测量指示灯亮，仪器处于测量状态。若保持灯亮则仪器处于非测量状态，此时"温度/温差显示"屏上的数值保持不变。若重复按下"测量/保持"按钮，即可实现测量和保持两种状态之间的转换。

③ 检查"温度/温差显示"屏，当显示温度量纲"℃"时表明温度计测量的是温度，若显示"°"则表明温度计测量的是温差。只要重复按下"温度/温差"按钮，即可实现温度测量与温差测量间的转换。如果需要测量温差，则在测量前，必须先转动"基温选择"旋钮，选择基温。

④ 测量完毕后，先关闭电源开关，再断开电源。

实验四

差热-热重分析

一、实验目的

1. 掌握差热分析、热重分析的实验原理及方法，用差热天平测定硫酸铜、草酸钙的差热谱图和热失重曲线,并对差热谱图进行定性解释,对热重谱图进行定量分析。

2. 掌握 PCT-1A 型和 FRC/T-1 型差热天平的使用。

二、实验原理

大多数物质在加热或冷却过程中会发生物理或化学变化,如:状态变化、晶型转变、脱水、热分解或氧化还原反应等。这些变化不仅伴随着热效应的产生,还可能产生质量、体积的变化,以及机械性能、声学、电学、光学、磁学等其他物理化学性质的变化。热分析(thermal analysis)就是在程序控制温度(一般是线性升温或降温)下测量物质的物理性质与温度关系的一种分析技术。

由于物质在加热或冷却过程中的物理或化学变化是多种多样的,而每种变化均可采用一种或多种热分析方法加以测量。因此,热分析方法至今已发展有 17 种。如:热重分析(TG)、离析气体检测(EGD)、离析气体分析(EGA)、放射热分析、热离子分析、差热分析(DTA)、差示扫描量热(DSC)、热机械分析(WA)、热声计、热光学计、热电子计、热电磁计等。本实验将应用其中两种常见的方法:热重法和差热分析法。

1. 差热分析的基本原理

物质在加热或冷却过程中会发生物理变化(如:晶型转变、沸腾、升华、蒸发、熔融等)或化学变化(如:氧化还原、分解、脱水和离解等),同时往往还伴随吸热或放热现象。另有一些物理变化虽无热效应发生,但比热容等某些物理性质也会发生改变,如玻璃化转变等。物质在发生上述变化时,其质量不一定改变,但温度必定会变化。差热分析(differential thermal analysis)正是在物质这类性质基础上建立的一种通过在程序控制温度下测定试样与参比物的温度差对时间的函数关系,来鉴别物质或确定其组成结构以及转化温度、热效应等物理化学性质的技术。差热分析中吸热和放热体系的主要类型如表 4-1 所示。

表 4-1 差热分析中吸热和放热体系的主要类型

物理变化	吸热	放热	化学变化	吸热	放热
晶型转变	√	√	化学吸附		√
熔融	√		析出	√	
汽化	√		脱水	√	
升华	√		分解	√	√
吸附		√	氧化(气体中)		√
脱附	√		还原(气体中)	√	

若将在实验温区内呈热稳定的已知物质(即参比物)和试样一起放入加热系统中(见图 4-1),并以线性升温程序加热,参比物的温度在升温过程中始终与线性升温程序温度一致,试样在没有发生吸热或放热变化且与程序温度间不存在温度滞后时,试样与线性升温程序的温度也是一致的。若试样发生放热变化,由于热量不可能从试样瞬间导出,试样温度偏离线性升温线而向高温方向移动。反之,在试样发生吸热变化时,由于试样不可能从环境瞬间吸取足够的热量,试样温度亦偏离线性升温线,向低温方向移动。只有经历一个传热过程,试样才能恢复到与程序温度相同的温度。

在试样和参比物的比热容、热导率和质量等均相同的理想情况下,用图 4-1 装置测得的试样 S 和参比物 R 的温度及它们之间的温度差(ΔT)随时间(t)的变化如图 4-2 所示。图中 AB 线是线性程序升温线,ah 线是试样 S 与参比物 R 之间的温差线。当 $T_S - T_R$ 即 ΔT 为零时,图中参比物 R 与试样 S 温度一致,两温度线重合,在 ΔT 曲线上为一条水平基线(如

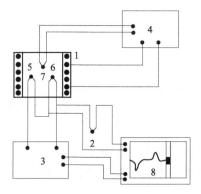

图 4-1 差热分析装置示意图

1— 电炉；2— 冷端校正；3— 直流放大器；4— 程序温度控制器；5— 试样热电偶；6— 升温速率检测热电偶；7— 参比热电偶；8— x-y 记录仪

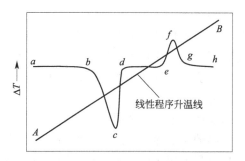

图 4-2 线性程序升温时试样和参比物的温度及温度差随时间的变化

线段 ab、de、gh 所示）。试样吸热时，$\Delta T < 0$，在 ΔT 曲线上出现一个向下的吸热峰（如线段 bcd 所示）。当试样放热时，$\Delta T > 0$，在 ΔT 曲线上出现一个向上的放热峰（如线段 efg 所示）。由于是线性升温，通过 T-t 关系可将 ΔT-t 图转换成 ΔT-T 图。ΔT-t（或 T）图即是差热曲线或差热谱图，表示试样和参比物之间的温差随时间或温度的变化关系。

差热谱图的分析可根据差热峰的数目、位置、方向、高度、宽度、对称性以及峰的面积等进行。峰的数目表示在测定温度范围内，待测试样发生变化的次数；峰的位置表示发生转化的温度范围；峰的方向指示过程是吸热还是放热；峰的面积反映热效应大小（在相同测定条件下）；峰高、峰宽以及对称性除与测定条件有关外，往往还与试样变化过程的动力性因素有关。

除了测定热效应外，差热图谱的特征还可用于鉴别试样的种类，计算某些反应的活化能和反应级数等。

影响差热分析的主要因素如下：

① 升温速率　较低的升温速率可使基线漂移小，曲线的分辨率高，但测定时间长；较高的升温速率则使基线漂移较显著，曲线的分辨率下降。

② 气氛及压力　若参加反应的物质中有气体或易被氧化的物质，选择适当的气氛及压力可得到较好的实验结果。

③ 参比物　作为参比物的材料要求在测定温度范围内，保持热稳定，一般用 α-Al_2O_3、MgO、SiO_2（煅烧过）及金属镍等。选择时，应尽量采用与试样的比热容、热导率及颗粒度相一致的物质，以提高正确性。

④ 试样处理　较小的试样颗粒度可以改善导热条件，但太细可能破坏试样晶格或使其分解。试样用量与热效应大小及峰间距有关，一般用量不宜太大，否则将降低曲线的分辨率。

由于差热分析主要与试样是否发生伴有热效应的变化有关，因此它不能用于确定变化的性质。即不能确定该变化是物理变化还是化学变化，变化是一步完成还是分步完成，以及质量有无改变。关于变化的性质和机理需要依靠其他方法才能进一步确定。差热分析的另一个特点是它本质上仍是一种动态量热，即量热时的温度条件是变化的，因而测定过程中体系不处于平衡状态，测得的结果不同于热力学平衡条件下的测量结果。

2. 热重分析原理

热重法（thermalgravimetry）是在程序控制温度下利用热天平测量物质的质量与温度关系的一种技术。

当物质在加热过程中发生脱水、分解或氧化等反应时，其质量就会减少或增加，利用此性质把被测物质悬挂在天平的一臂上，就可以测量出加热过程中物质质量随温度变化的关系，还有可能从质量变化的化学计量关系确定变化的性质，因此热天平是定量说明物质热稳定性的有力工具。

热重曲线能够定量说明物质的热稳定性。例如它能确定物质脱水、分解或氧化的温度和推测出产物的组成等。将热天平作出的热重曲线与差热分析作出的差热曲线相结合，可以对整个反应过程的变化性质给出较为圆满的解释。

本实验所用热天平为上皿式（即试样皿位于称量机构上面）零位型天平（见图 4-3）。该天平在加热过程中若试样无质量变化时能保持初始平衡状态，而有质量变化时，天平就失去平衡而发生倾斜，光电检测系统中的光电倍增管受到的光能量发生变化，光电信号经测重系统放大以自动改变平衡复位器中的电流，使天平重又回到初始平衡状态，即所谓的零位。通过平衡复位器的线圈电流与试样质量变化成正比。因此，记录电流的变化即能得到加热过程中试样质量连续变化的信息。

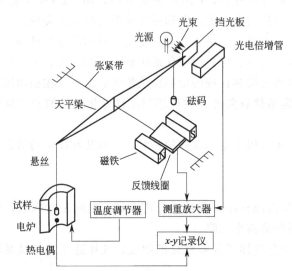

图 4-3　热天平装置示意图

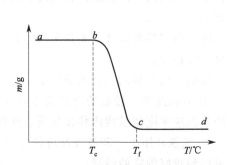

图 4-4　固体热分解反应的热重曲线示意图

典型的固体热分解反应的热重曲线如图 4-4 所示。图中水平线段 ab、cd 称为平台，分别对应于固体试样在热分解前后反应物和产物稳定存在的温度区间；线段 bc 则表示固体试样发生热分解反应时质量随温度的变化情况，bc 段的斜率越大，表示反应的速率越快。由两个平台之间的垂直距离可计算固体试样在热分解反应发生时质量的变化量以及反应发生的起始温度（T_c）和终了温度（T_f）。

影响热重分析的主要因素如下：

（1）升温速率　较快的升温速率将使试样分解的起始温度和终了温度向高温区偏移，同时降低曲线的分辨率，丢失某些中间产物的信息。

（2）试样　较少的试样量、较小的试样颗粒度以及较紧密的试样堆积密度均有利于试样的热传导，有利于反应顺利进行，从而得到准确度、分辨率、重复性较高的热重分析曲线。

三、仪器与试剂

PCT-1A 型差热天平　　　　　1 套　　　FRC/T-1 型微机差热天平　　1 套
$CuSO_4 \cdot 5H_2O$（分析纯）　　　　$CaC_2O_4 \cdot H_2O$（分析纯）　　　α-Al_2O_3（分析纯）

四、实验步骤

1. PCT-1A 型差热天平操作方法

① 开启冷却水及电源，整机预热 30min。注意开启冷却水时的动作要轻柔，水流大小适当。

② 抬起炉体，将样品坩埚从秤盘上轻轻取下，准确称样 10mg 左右，然后将坩埚轻轻放在秤盘上，放下炉体。

③ 仪器参数选择

热重量程选择：10mg 挡

差热量程选择：$CuSO_4 \cdot 5H_2O$　　　50μV 挡　　　$CaC_2O_4 \cdot H_2O$　　100μV 挡

升温速率选择：$CuSO_4 \cdot 5H_2O$　　　10℃/min 挡　　$CaC_2O_4 \cdot H_2O$　　20℃/min 挡

④ 开启记录仪电源，将热重记录单元、差热记录单元和温度记录单元输入开关置于调零位置，走纸速率设为 20cm/h。

⑤ 旋转热重记录单元调零旋钮，使热重笔置于记录纸左侧第 1 大格处；旋转差热记录单元调零旋钮，使差热笔置于记录纸中间处；旋转温度记录单元调零旋钮，使温度笔置于记录纸右侧第 1 大格处。

⑥ 将各单元输入开关置于测量位置。此时温度记录笔将向左移动一段距离，表示室温，切勿将其调回初始位置；热重记录笔若向左或向右移动时，应缓慢旋转差热天平上的电调零旋钮，将热重记录笔重新调回初始位置；差热记录笔若向左或向右移动时，应旋转记录仪上差热记录单元调零旋钮，将差热记录笔重新调回初始位置。

⑦ 依次按下差热天平上功能键区的 DTA 调零键、升温键、加热键，实验开始。按下记录仪"STAR"按钮，记录仪开始记录。

⑧ 到达目标温度后，首先按下记录仪"STOP"按钮，停止记录仪走纸，再抬起所有的记录笔；按下差热天平加热键，差热天平停止加热，再将热重量程选择键置于 200mg 挡，待电炉自然冷却后继续做下一个试样。

⑨ 实验结束后，首先按下记录仪"STOP"按钮，停止记录仪走纸，再抬起所有的记录笔，关闭记录仪电源。按下差热天平加热键，差热天平停止加热，将热重量程选择键置于 200mg 挡，将差热量程选择键置于 1000μV 挡，关闭差热天平电源，关闭冷却水。

2. FRC/T-1 型微机差热天平操作方法

① 开启冷却水及热分析仪的电源，整机预热 30min。注意开启冷却水时的动作要轻柔，水流大小适当。

② 按操作面板上的"升降"按钮，炉体自动沿两侧导杆升起，炉体升起停止后，手动将炉体适当旋转位置。将样品坩埚从秤盘上轻轻取下，准确称样 10mg 左右，然后将坩埚轻轻放在秤盘上，用手动将炉体护送至两侧导杆中间，再次按下"升降"按钮，直至炉体开始下降后方可将手放开。

③ 打开计算机，双击桌面上的 FRC 图标，出现"欢迎使用北京光学仪器厂热分析仪器"标志界面，将鼠标移至标志界面上后单击鼠标左键，屏幕右上角会出现软件操作总菜

单。总菜单会自动隐藏,在鼠标移到其上方时,总菜单会自动出现。

④ 单击总菜单上的"新采集"选项,在出现的采样参数设置对话框上按下表输入相应的参数值:

试样名称	试样序号	操作者	试样质量/mg	起始采样温度/℃	升/降温速率/℃·min^{-1}	终值温度/℃
×××	×××	×××	×××××	室温	硫酸铜　10 草酸钙　20	硫酸铜　350 草酸钙　950

然后按下"绘图"按钮,可以得到完成实验的估计时间。

⑤ 采样参数设置完毕后,单击"确定"按钮,将弹出采集数据存储名称以及路径选择对话框,在对话框中填入文件名(操作者姓名)和存储路径后点击"存储"按钮,仪器自动进入加热状态,软件自动切换到数据实时采集界面。

⑥ 当数据实时采集界面右下方出现"温度已达到设定值"时,单击"STOP"按钮结束数据实时采集。

五、注意事项

1. 试样的量应控制在 0.0100g±0.0002g 为宜。试样量过多会使试样存在温度梯度,导致峰形扩大,分辨率下降;过少,易造成试样烧结,降低测定的灵敏度,增加结果的偶然误差。

2. 注意试样装填均匀,疏密度适当,防止因试样装填不均引起导热及温度的差异,曲线出现一些无法解释的小峰,或引起主峰的位置发生改变。

3. 对 PCT-1A 型差热天平,在抬起、转动、放下炉体时,动作应轻柔、缓慢,特别注意防止损坏试样杆(内含热电偶);在样品杆上装取试样坩埚时,差热天平的热重量程应放置在 200mg 挡上,防止天平晃动过于剧烈而损坏仪器;只有在正确设置好差热天平及记录仪的各参数后,方能启动电炉升温,防止因仪器参数设置错误而导致实验失败。

4. 对 FRC/T-1 型微机差热天平,当炉体处在升起状态时,不能关闭仪器电源,也不能点击总菜单上的"新采集"选项。

六、实验原始数据记录

室温:　　　　　　　　　　大气压:　　　　　　　　

$m(CuSO_4·5H_2O)/g$	$m(CaC_2O_4·H_2O)/g$

七、实验数据处理

1. 由实验所得各试样的差热谱图确定各试样差热峰的起峰温度和峰顶温度,并指出反应热效应的性质。

2. 由实验所得各试样的热重谱图确定各试样在各步反应中所失去的质量,根据试样失去质量的计量关系确定反应的产物,写出各步反应的化学计量方程式。

八、思考题

1. 如何辨别反应是吸热反应还是放热反应?为什么在升温过程中即使试样无变化也会出现温差?

2. 从差热分析、热重分析的实验结果可以得到哪些有关试样的信息?

附

铑10-铂热电偶分度表

温度 /℃	热电势/μV									
	0	1	2	3	4	5	6	7	8	9
0	0	5	11	16	22	27	33	38	44	50
10	55	61	67	72	78	84	90	95	101	107
20	113	119	125	131	137	143	149	155	161	167
30	173	179	185	191	197	204	210	216	222	229
40	235	241	248	254	260	267	273	280	286	292
50	299	305	312	319	325	332	338	345	352	358
60	365	372	378	385	392	399	405	412	419	426
70	433	440	446	453	460	467	474	481	488	495
80	502	509	516	523	530	538	545	552	559	566
90	573	580	588	595	602	609	617	624	631	639
100	646	653	661	668	675	683	690	698	705	713
110	720	727	735	743	750	758	765	773	780	788
120	795	803	811	818	826	834	841	849	857	865
130	872	880	888	896	903	911	919	927	935	942
140	950	958	966	974	982	990	998	1006	1013	1021
150	1029	1037	1045	1053	1061	1069	1077	1085	1094	1102
160	1110	1118	1126	1134	1142	1150	1158	1167	1175	1183
170	1191	1199	1207	1216	1224	1232	1240	1249	1257	1265
180	1273	1282	1290	1298	1307	1315	1323	1332	1340	1348
190	1357	1365	1373	1382	1390	1399	1407	1415	1424	1432
200	1441	1449	1458	1466	1475	1483	1492	1500	1509	1517
210	1526	1534	1543	1551	1560	1569	1577	1586	1594	1603
220	1612	1620	1629	1638	1646	1655	1663	1672	1681	1690
230	1698	1707	1716	1724	1733	1742	1751	1759	1768	1777
240	1786	1794	1803	1812	1821	1829	1838	1847	1856	1865
250	1874	1882	1891	1900	1909	1918	1927	1936	1944	1953
260	1962	1971	1980	1989	1998	2007	2016	2025	2034	2043
270	2052	2061	2070	2078	2087	2096	2105	2114	2123	2132
280	2141	2151	2160	2169	2178	2187	2196	2205	2214	2223
290	2232	2241	2250	2259	2268	2277	2287	2296	2305	2314
300	2323	2332	2341	2350	2360	2369	2378	2387	2396	2405
310	2415	2424	2433	2442	2451	2461	2470	2479	2488	2497
320	2507	2516	2525	2534	2544	2553	2562	2571	2581	2590
330	2599	2609	2618	2627	2636	2646	2655	2264	2674	2683
340	2692	2702	2711	2720	2730	2739	2748	2758	2767	2776

续表

温度 /℃	热电势/μV									
	0	1	2	3	4	5	6	7	8	9
350	2786	2795	2805	2814	2823	2833	2842	2851	2861	2870
360	2880	2889	2899	2908	2917	2927	2936	2946	2955	2965
370	2974	2983	2993	3002	3012	3021	3031	3040	3050	3059
380	3069	3078	3088	3097	3107	3116	3126	3135	3145	3154
390	3164	3173	3183	3192	3202	3212	3221	3231	3240	3250
400	3259	3269	3279	3288	3298	3307	3317	3326	3336	3346
410	3355	3365	3375	3384	3394	3403	3413	3423	3432	3442
420	3451	3461	3471	3480	3490	3500	3509	3519	3529	3538
430	3548	3558	3567	3577	3587	3596	3606	3616	3626	3635
440	3645	3655	3664	3674	3684	3694	3703	3713	3723	3732
450	3741	3752	3762	3771	3781	3791	3801	3810	3820	3830
460	3840	3850	3859	3869	3879	3889	3898	3908	3918	3928
470	3938	3947	3957	3967	3977	3987	3997	4006	4016	4026
480	4036	4064	4056	4065	4075	4085	4095	4105	4115	4125
490	4134	4144	4154	4164	4714	4184	4194	4204	4213	4223
500	4233	4243	4253	4263	4273	4283	4293	4303	4313	4323
510	4332	4342	4352	4362	4372	4382	4392	4402	4412	4422
520	4432	4442	4452	4462	4472	4482	4492	4502	4512	4522
530	4532	4542	4552	4562	4572	4582	4592	4602	4612	4622
540	4632	4642	4652	4662	4672	4682	4692	4702	4712	4722
550	4732	4742	4752	4762	4772	4782	4793	4803	4813	4823
560	4833	4843	4853	4863	4873	4883	4893	4904	4914	4924
570	4934	4944	4954	4964	4974	4984	4995	5005	5015	5025
580	5035	5045	5055	5066	5076	5086	5096	5106	5116	5127
590	5137	5147	5157	5167	5178	5188	5198	5208	5218	5228
600	5239	5249	5259	5269	5280	5290	5300	5310	5320	5331
610	5341	5351	5361	5372	5382	5392	5402	5413	5423	5433
620	5443	5454	5464	5474	5484	5495	5505	5515	5526	5536
630	5546	5557	5567	5577	5588	5598	5608	5618	5629	5639
640	5649	5660	5670	5680	5691	5701	5712	5722	5723	5743
650	5753	5763	5774	5784	5794	5805	5815	5826	5836	5546
660	5857	5867	5878	5888	5898	5909	5919	5903	5940	5950
670	5961	5971	5982	5992	6003	6013	6024	6034	6044	6055
680	6065	6076	6086	6097	6107	6118	6128	6139	6149	6160
690	6170	6181	6191	6202	6212	6223	6233	6244	6254	6265
700	6275	6286	6926	6307	6317	6328	6338	6349	6360	6370

续表

温度 /℃	热电势/μV									
	0	1	2	3	4	5	6	7	8	9
710	6381	6391	6402	6412	6423	6434	6444	6455	6465	6476
720	6486	6497	6508	6518	6529	6539	6550	6561	6571	6582
730	6593	6603	6614	6624	6635	6646	6656	6667	6678	6688
740	6699	6710	6720	6731	6742	6752	6763	6774	6784	6795
750	6806	6817	6827	6838	6849	6859	6870	6881	6892	6902
760	6913	6924	6934	6945	6956	6967	6977	6988	6999	7010
770	7020	7031	7042	7053	7064	7074	7085	7096	7107	7117
780	7128	7139	7150	7161	7172	7182	7193	7204	7215	7226
790	7236	7247	7258	7269	7280	8291	7302	7312	7323	7334
800	7345	7356	7367	7378	7388	7399	7410	7421	7432	7443
810	7454	7465	7476	7487	7497	7508	7519	7530	7541	7552
820	7563	7574	7585	7596	7607	7618	7629	7640	7651	7662
830	7673	7684	7695	7706	7717	7728	7739	7750	7761	7772
840	7783	7794	7805	7816	7827	7838	7849	7860	7871	7882
850	7893	7904	7915	7926	7937	7948	7959	7970	7981	7992
860	8003	8014	8026	8037	8048	8059	8070	8081	8092	8103
870	8114	8125	8137	8148	8159	8170	8181	8192	8203	8214
880	8226	8237	8248	8259	8270	8281	8293	8304	8315	8326
890	8337	8348	8360	8371	8382	8393	8404	8416	8427	8438
900	8449	8460	8472	8483	8494	8505	8517	8528	8569	8550

实验五

二组分合金系统相图的绘制

一、实验目的

1. 掌握热分析法绘制二组分合金系统相图。
2. 了解固-液系统相图的基本特点。

二、实验原理

相图是用于表示相平衡系统的存在状态与系统的组成、温度、压力等因素之间关系的几何图形。以系统所含物质B的组成（w_B）为自变量，温度T为因变量，所得到的T-w_B图是常见的一种相图。

热分析法是绘制固态熔融系统相图常用的一种实验方法，本实验的具体方法是，将一定比例的二组分合金系统（锡和铋）加热到熔点以上成为液体混合物（熔融态），然后让其缓慢冷却。当熔融系统在均匀冷却过程中无相变时，其温度将连续均匀下降；若在冷却过程中系统发生了相变，放出的相变热会对系统的热损失有所抵偿，于是冷却曲线（系统温度随时间变化的关系曲线，即T-t图）将出现转折点或水平线段，故系统冷却曲线上的转折点或水平线段对应的温度即为该系统的相变温度。由系统的组成和对应冷却曲线上的相变温度可形成T-w_B图上的实验点，众多实验点的合理连接构成了相图上的相线以及相区。因此，通过测量并绘制若干个不同组成系统的冷却曲线，可以得到该系统的T-w_B图。简单低共熔二元系统的冷却曲线与T-w_B示意图间的对应关系如图5-1所示。

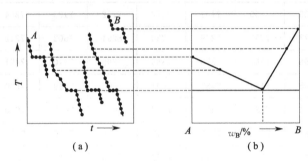

图5-1 简单低共熔二元系统的冷却曲线（a）及相图（b）

三、仪器与试剂

SWKY数字控温仪	1台	KWL-08可控升降温电炉	1台
硬质玻璃样品管	5只	锡、铋（化学纯）	液体石蜡

四、实验步骤

1. KWL-08可控升降温电炉控制面板示意图如图5-2所示。将电炉的"内控/外控"按钮置于"内控"，然后打开电炉的电源开关，预热数分钟。

2. SWKY数字控温仪控制面板示意图如图5-3所示。打开控温仪的电源开关，预热数分钟。按下控温仪上的"工作/置数"按钮，此时置数指示灯亮，可设置程序控温仪的参数。按下 $\boxed{\times 1}$ ~ $\boxed{\times 0.01}$ 按钮，设定电炉升温的最高值。本实验对电炉采用"内控"的控制方式，设定该值仅为提示作用。

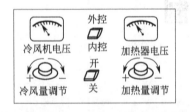 

图5-2 KWL-08可控升降温电炉控制面板示意图　　图5-3 SWKY数字控温仪控制面板示意图

3. 按下表分别称取一定比例的锡（Sn）和铋（Bi）组成5个样品，样品质量准确至

0.1g。将样品混合均匀后装入 5 个硬质玻璃样品管中,加入少量液体石蜡。

$w_{Bi}/\%$	20	40	58	70	85
m_{Sn}/g	40	30	21	15	7.5
m_{Bi}/g	10	20	29	35	42.5

4. 将已备好的样品管放入电炉中,插上 Pt100 电阻温度计,再按一次控温仪上"工作/置数"按钮,此时工作指示灯亮。

5. 旋转电炉控制面板上的"加热量调节"旋钮,将加热器电压调至 50～100V 之间,电炉开始升温。

6. 待控温仪上的实时温度达到设定温度时,旋转"加热量调节"旋钮至加热器电压为零。待样品管内温度下降至合适温度(不同的样品系统此温度有所不同)时,按下控温仪上的"工作/置数"按钮,此时置数指示灯亮,按下 ▼ 或 ▲ 按钮,设定数据记录时间间隔为 30s(当时间达到设定值时,蜂鸣器会发出鸣叫)。再按一次控温仪上的"工作/置数"按钮,此时工作指示灯亮,每 30s(即蜂鸣器发出鸣叫时)记录一次实时温度,直至实时温度下降至 120℃ 左右为止。

7. 微调"冷风量调节"旋钮打开电炉所带的风扇送风降温,待实时温度下降至 50℃ 左右,旋转"冷风量调节"旋钮至冷风机电压为零,取出样品管。

8. 按上述方法完成五个样品冷却曲线数据的测定。

五、注意事项

1. 为了保证样品能完全熔融,设定的升温最高温度为 220～320℃ 之间。低共熔混合物样品的设定温度可低一些,而 Bi 含量高的样品所设定的温度应高一些。样品熔化后,可小心拿出样品管缓慢晃动,使样品溶液混合均匀,然后重新放入电炉中。

2. 样品升温时,要密切观察加热器电压表的变化,注意加热器电压不可过大,以 50～100V 之间为宜。随着炉温的升高速率加快,可适当将电压逐渐调小,如升温系统的最高温度为 320℃,当实际温度达到 280℃ 左右时,可将电压调为零,以防止炉温升高速度过快或余热太大,导致温度过高甚至失控。

3. Pt100 电阻温度计的温度应小于 400℃,若样品温度高于 400℃,应立即将电阻温度计从样品管中取出,同时旋转"冷风量调节"旋钮送风,使电炉强行降温。当使用冷风对电炉强行降温时,应在所记录的第一个温度数据的前 20～30℃ 处就旋转"冷风量调节"旋钮至冷风机电压为零,从而避免由于风扇的冷惯性造成样品非缓慢均匀降温,使数据记录误差较大,甚至丢失数据。

4. 用热分析法绘制相图时,被测系统必须时时处于或接近于相平衡状态,因此冷却速度必须足够慢才能保证得到较好的结果。

六、实验原始数据记录

室温:＿＿＿＿＿＿ 大气压:＿＿＿＿＿＿

$w_{Bi}/\%=$	$t/30s$	1	2	3	4	5	⋯
	$T/℃$						

七、实验数据处理

1. 在同一个 $T/℃$-$t/30s$ 坐标系中分别画出不同组成 Sn-Bi 系统的冷却曲线；由各冷却曲线上的转折点或水平线段确定该组成系统的熔点和三相结线点的温度值，填于下表中。

$w_{Bi}/\%$	0	20	40	58	70	85	100
$T_f/℃$							
$T_{三相结线}/℃$							

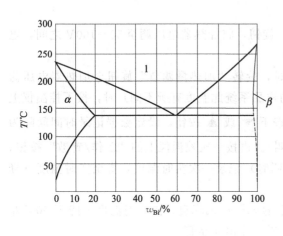

图 5-4　Sn-Bi 二元合金相图

冷却曲线的计算机绘制方法同实验三。

2. 绘制 Sn-Bi 二元合金系统的 $T/℃$-$w_{Bi}/\%$图。Sn-Bi 合金系统不属于简单低共熔类型，有一低共熔点的固态部分互溶类型（相图如图 5-4 所示），因此用本实验的方法不能作出其完整的相图。

八、思考题

1. 二组分合金系统的冷却曲线上为什么会出现转折点或水平线段？含 Bi 0%、20%、58%、80%的 Sn-Bi 二组分合金系统的冷却曲线上各出现几个转折点和几个水平线段？指出各转折点和水平线段处的相平衡状态。

2. 对于不同组成 Sn-Bi 二组分合金系统的冷却曲线，其水平线段有什么不同？为什么？

九、文献值

1. 101.325kPa 时，Sn 的熔点为 232.0℃，Bi 的熔点为 271.4℃。
2. Sn-Bi 二元合金系统的低共熔点为 138.5℃。

实验六

双液系沸点-组成图的绘制

一、实验目的

1. 采用回流冷凝法测定不同浓度时异丙醇-环己烷体系的沸点和气、液两相的平衡组成，绘制 T-x 图，并找出最低恒沸点的温度和相应组成。
2. 熟练掌握阿贝折光仪的使用方法。

二、实验原理

两种在常温时为液态的物质混合后组成的二组分体系称为双液系，两种液体若能按任意比例互相溶解，则称为完全互溶双液系，其沸点与组成的关系分为 3 种情况：溶液沸点介于两纯组分沸点之间［图 6-1(a)］；溶液有最低恒沸点［图 6-1(b)］；溶液有最高恒沸点［图 6-1(c)］。

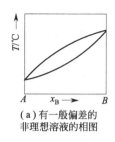 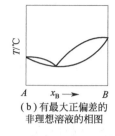 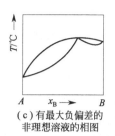

(a) 有一般偏差的非理想溶液的相图　　(b) 有最大正偏差的非理想溶液的相图　　(c) 有最大负偏差的非理想溶液的相图

图 6-1　完全互溶双液系的 T-x 图

图中凸形曲线表示气相线，凹形曲线表示液相线，气相线以上的区域为气相区，液相线以下的区域为液相区，气相线和液相线所包围的两个梭形区为气-液两相平衡区。由相律可知，对二组分系统，当压力恒定时，在气-液两相平衡区，自由度 $F=2-2+1=1$，即温度一定，气液两相组成也就确定了。因此，图 6-1 中，等温的水平线与气相线和液相线的交点表示该温度下互为平衡的两相组成。

用回流冷凝法测定完全互溶双液系温度-组成图的方法为：对总组成为 X 的溶液加热，当气液两相达到平衡时，温度恒定，此时液相组成为 x，气相组成为 y（近似为气相冷凝液的组成）；改变系统的总组成，系统的沸点及气液两相的组成也相应改变；测定若干组气液平衡组成，并将气相组成连成气相线，液相组成连成液相线，即得温度-组成图，即 T-x 图。

三、仪器与试剂

沸点测定仪	1 套	超级恒温槽	1 台
Ss1797 直流稳压电源	1 台	阿贝折光仪	1 台
环己烷、异丙醇	化学纯		

四、实验步骤

1. 调节恒温槽温度为 25℃±1℃。打开冷凝水及直流稳压电源，预热仪器。
2. 用漏斗从沸点测定仪（如图 6-2 所示）加料口加入含异丙醇约为 5%（体积分数）的环己烷溶液，加入量浸没水银球。
3. 调节直流稳压电源电压，缓慢加热溶液至沸腾。由于最初在回流冷凝管下端袋状部冷凝的液体常不能代表平衡时气相的组成，为加速达到平衡可将袋状部内液体倾回蒸馏器底部，并反复 2~3 次。待温度恒定后记下沸点并停止加热。
4. 随即在回流冷凝管上口插入滴管吸取袋状部的馏出液，测其折射率。再用另一根滴管从蒸馏器的加料口吸出液体测其折射率。测定时，同时记下折光仪上温度计的读数 $T_{测}$。每份取样需读数三次，取其平均值。实验完毕，将蒸馏器中溶液倒回原瓶。
5. 同法用含异丙醇约为 15%、25%、35%、50%、70%、80%、90% 的环己烷溶液进行实验，各次实验后的溶液均倒回原瓶中。各次实验测定结果记录在数据记录表格中。

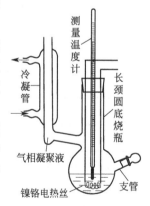

图 6-2　沸点测定仪

五、注意事项

1. 实验过程中必须在冷凝管中通入冷却水，以使气相全部冷却。

2. 电阻丝不能露出液面，一定要被待测液体浸没，否则通电加热会引起有机液体燃烧。调节时应注意观察回流冷凝管，所加电压能使欲测液体蒸气在冷凝管中的回流高度保持在2cm左右即可。

3. 温度读数稳定维持 2~3min 后再记录溶液的沸点，以保证溶液确已达到气-液平衡。

4. 只能在停止通电加热后才能进行取样分析。

5. 取样用的滴管应预先干燥，且在测定过程中不能用水洗涤。

6. 因样品可循环使用，实验后应全部倒回原瓶中。

7. 阿贝折光仪使用时，棱镜上不能触及硬物（如滴管等），拭擦棱镜需用擦镜纸。每测完一个样品后应用洗耳球将棱镜表面吹干。

六、实验原始数据记录

室温：_____   大气压：_____

溶液序号	T_b/℃	气相折射率 n_D^g 及其测定温度 T/℃						液相折射率 n_D^l 及其测定温度 T/℃					
		1		2		3		1		2		3	
		n_D^g	T	n_D^g	T	n_D^g	T	n_D^l	T	n_D^l	T	n_D^l	T
1													
2													
...													
8													

七、实验数据处理

1. 将实验所得的溶液气、液相的折射率测定数据进行温度校正，然后应用附1中的工作曲线确定各样品气、液相的平衡组成，填于下表中。

溶液序号	T_b/℃	$\bar{n}_D$(气相)	$x_{异丙醇}$(气相)	$\bar{n}_D$(液相)	$x_{异丙醇}$(液相)
0		—			
1					
2					
...					
9					

注：其中第 0、9 号样品分别为纯的环己烷和异丙醇。

2. 绘制异丙醇-环己烷二元液系的 T-x 相图，并由相图确定其恒沸点及恒沸物组成。

3. 根据文献值，计算实验恒沸点及恒沸物组成值的相对误差。

八、思考题

1. 沸点仪中袋状部的体积如果太大，对测量有何影响？

2. 蒸馏时因仪器保温条件欠佳，在蒸气达到沸点仪中袋状部前，沸点较高的组分发生部分冷凝，这将使 T-x 发生怎样的变化？

3. 折射率的测定为什么要在恒温条件下进行？

九、附表及文献值

1. 环己烷及异丙醇的沸点值

在 101.325kPa 下，异丙醇为 82.2℃，环己烷为 80.74℃。

溶液的沸点与大气压有关，应用 Trouton 规则和 Clausius-Clapeyron 方程可得实验大气压 p 下溶液沸点 T_b 随大气压变化的近似公式

$$T_0 = T_b + \frac{T_b(101325 - p/\mathrm{Pa})}{10p/\mathrm{Pa}}$$

式中，T_0 为溶液在 101.325kPa 下的正常沸点。

2. 293.2K 时环己烷与异丙醇混合溶液的组成与折射率 n_D 的数据如下表所示。

x(异丙醇)	0.0000	0.1066	0.1704	0.2000	0.2834	0.3203	0.3714
n_D	1.4263	1.4210	1.4181	1.4168	1.4130	1.4113	1.4090
x(异丙醇)	0.4040	0.4604	0.5000	0.6000	0.8000	1.0000	
n_D	1.4077	1.4050	1.4029	1.3983	1.3882	1.3773	

摘自 Jean Timmermans. The Physico-Chemical Constants of Binary Sysems. Vol. 2. New York：Wiley-Interscience，1959-1960. 3.

3. 环己烷与异丙醇混合溶液折射率的温度系数 $\dfrac{dn_D}{dt} = -4 \times 10^{-4}$℃。

4. 文献值

在 101.325 kPa 下环己烷-异丙醇的恒沸点温度：341.8K；恒沸物组成：$x_{异} = 0.41$。

附

1. 环己烷-异丙醇双液系气-液平衡相图的计算机处理

(1) 环己烷-异丙醇双液系浓度-折射率工作曲线的拟合

① 在 Excel 工作表相邻的两列中分别输入折射率"n_D"和对应的组成 $x_{异丙醇}$ 值。

② 用鼠标选择实验数据单元格区域后，单击工具栏上的图表向导按钮，在"图表向导—4步骤之1—图表类型"中选择图表类型为"XY 散点图"的"散点图"子类型，作出工作曲线的散点图。

③ 用鼠标选择散点图上的任意一个数据点，单击鼠标右键，选择所弹出菜单里的【添加趋势线】命令。在出现的"添加趋势线"对话框里，在"类型"标签下选择趋势线类型为"多项式"，并同时在其右边的"阶数"文本框里填入"2"；在"选项"的标签下选择"显示公式"和"显示 R 平方值"，单击"确定"，即可完成实验数据的二阶多项式拟合，同时得到 $x_{异丙醇}$-n_D 拟合方程。

(2) 环己烷-异丙醇双液系气-液平衡相图的计算机绘制方法

① 在 Excel 工作表中相邻的三列中分别输入沸点"T_b"和对应的气相组成 $x_{异丙醇}$（气相）、液相组成 $x_{异丙醇}$（液相）值 [x 值由 (1) 中工作曲线求得，折射率要换成 293.2K 时的值]。

② 用鼠标单击工具栏上的图表向导按钮，在"图表向导—4步骤之1—图表类型"中选

择图表类型为"XY散点图"的"平滑线散点图"子类型，单击下一步。在"图表向导—4步骤之2—图表源数据"的系列标签下单击"添加"按钮，新添加一个数据系列。分别单击"X值（X）""Y值（Y）"文本框右边的图标，用鼠标选择"$x_{异丙醇}$（气相）""T_b"的数据单元格区域，即可作出相图的气相线。再用同样的方法作出液相线。

注意：此种作图方法只有在实验数据点不太少且实验测量误差不大的情况下方能使用。如果实验数据点太少或某些实验数据点测量误差较大时，只能作"散点图"，然后用手工连线的方法绘制相图。

2. 阿贝折光仪的原理及使用方法

折射率是物质的特性常数。一定温度下，纯物质具有确定的折射率，而混合物的折射率则与混合物的组成有关。例如对于溶液，当溶质的折射率小于溶剂的折射率时，浓度越大，混合物的折射率越小；反之亦然。通过物质折射率的测定可以了解物质的组成、纯度及结构等。由于测定折射率所需样品量少、测量精度高、重现性好，常用来定性鉴定液体物质或其纯度以及定量分析溶液的组成等。

阿贝折光仪是测量物质折光率的专用仪器，它能快速而准确地测出透明、半透明液体或固体材料的折射率（测量范围一般为1.300～1.700），它还可以与恒温、测温装置连用，测定折射率随温度的变化关系。其工作原理简述如下：

阿贝折光仪中的阿贝棱镜组由两个折射率为n的直角棱镜组成，一个是辅助棱镜，它的弦面是磨砂的，其作用是形成均匀的扩展面光源。另一个是测量棱镜。待测液体（$n_x<n$）夹在两棱镜的弦面之间，形成薄膜。如图6-3所示

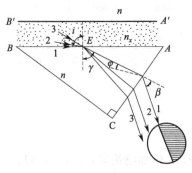

图6-3 阿贝折光仪的临界折射

示，光先射入辅助棱镜，由其磨砂弦面$A'B'$产生漫射光穿过液层进入测量棱镜（图6-3中ABC）。

设某条光线以入射角i射向AB面，经测量棱镜两次折射后，从AC面以角β出射，由于$n_x<n$，则由折射定律得：

$$n_x \sin i = n \sin \gamma$$

$$n \sin \varphi = \sin \beta \text{（设空气的折射率为1）}$$

由几何关系得测量棱镜顶角A与角γ、φ间的关系为：

$$A = \gamma + \varphi$$

联立上述方程，消去γ和φ得：

$$n_x \sin i = \sin A \sqrt{n^2 - \sin^2 \beta} - \cos A \cdot \sin \beta$$

当$i = 90°$时，上式变为：

$$n_x = \sin A \sqrt{n^2 - \sin^2 \beta_c} - \cos A \cdot \sin \beta_c$$

式中，β_c称为临界折射角。若已知测量棱镜的折射率n、折射顶角A，只要测定临界折射角β_c即可求出待测液体的折射率n_x。

由图6-3可知，凡是入射角小于90°的光线，经棱镜折射后的折射角必大于β_c而偏折于

"1"的左侧，形成亮视场；而"1"的另一侧因无光线而形成暗场，这种半明半暗的临界折射现象可以从测量棱镜的直角边上方观察到（如图6-4所示）。

由于临界线的位置与临界折射角 β_c 有关，测量时，转动棱镜组转轴的手柄，调节棱镜组的角度，使临界线正好落在测量望远镜的×形准丝交点上，与试样折射率相对应的临界角的位置就能通过与棱镜组转轴同轴的刻度盘反映出来，并且从刻度盘上可以直接读出试样的折射率。

阿贝折光仪的使用方法如下：

（1）安装　将阿贝折光仪放在光亮处，但避免置于直曝的日光中，用超级恒温槽将恒温水通入棱镜夹套内，其温度以折光仪器上温度计读数为准。

（2）加样　松开锁钮，开启辅助棱镜，使其磨砂斜面处于水平位置，滴几滴丙酮于镜面，可用镜头纸轻轻揩干。滴加几滴试样于镜面上（滴管切勿触及镜面），合上棱镜，旋紧锁钮。若液样易挥发，可由加液小槽直接加入。

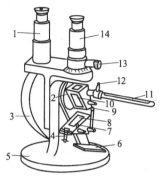

图6-4　阿贝折光仪外形图
1—读数望远镜；2—转轴；3—刻度盘罩；4—锁钮；5—底座；6—反射镜；7—加液槽；8—辅助棱镜；9—铰链；10—测量棱镜；11—温度计；12—恒温水入口；13—消色散手柄；14—测量望远镜

（3）对光　转动镜筒使之垂直，调节反射镜使入射光进入棱镜，同时调节目镜的焦距，使目镜中十字线清晰明亮。

（4）读数　调节读数螺旋，使目镜中呈半明半暗状态。调节消色散棱镜至目镜中彩色光带消失，再调节读数螺旋，使明暗界面恰好落在十字线的交叉处。若此时呈现微色散，继续调节消色散棱镜，直到色散现象消失为止。这时可从读数望远镜中的标尺上读出折射率 n_D。为减少误差，每个样品需重复测量三次，三次读数的误差应不超过0.002，再取其平均值。

实验七

三氯甲烷-醋酸-水三液系相图的绘制

一、实验目的

1. 掌握用三角形坐标表示三组分相图的方法。
2. 用溶解度法绘制具有一对共轭溶液的三液系相图。

二、实验原理

在定温下，三组分系统的相图通常用等边三角形来表示，三角形内任意一点表示三组分的组成。三角形的三个顶点分别表示三个纯物质，三条边表示三种物质中两种物质组成的二组分系统的组成，具有一对共轭溶液的三液系相图如图7-1所示。其中 A 和 B，A 和 C 完全互溶，B 和 C 则部分互溶，曲线 $am'd$ 为溶解度曲线。

本实验绘制溶解度曲线的方法是：将完全互溶的两个组分（三氯甲烷和醋酸）分别以一定比例配制成均相溶液（如图7-1中的 b 点和 m 点），向物系点为 b 点的清亮溶液中滴加另一组分（如水），则物系点将沿 bB 线移动，到 b' 点时系统由清变浑，表示在实验温度下水

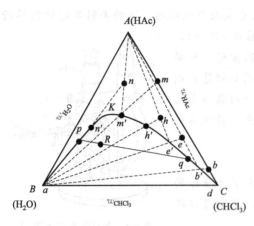

图 7-1 具有一对共轭溶液的三液系相图

在三氯甲烷-醋酸溶液中达到饱和。再往系统中滴加一定量醋酸，物系点则沿 $b'A$ 上升至 e 点而变清。如再加入水，物系点又沿 eB 线移至 e' 点再次变浑。再滴加醋酸使之变清……如此往复。对物系点为 m 的溶液也进行同样的操作。最后连接 b'、e'、h'、m'、n' 各点，并与实验温度下三氯甲烷在水中的溶解度值 a 点、水在三氯甲烷中的溶解度值 d 点连起来，即可绘制出溶解度曲线。

如果将某一组成的三氯甲烷-醋酸溶液（例如：组成为 b 的溶液）加入适量的水形成包含一对共轭溶液的系统，其物系点为 R。分析这对共轭溶液的组成，其相点分别为 p 点和 q 点，连接 p 点和 q 点，即为这对共轭溶液的相点结线。由于两个共轭溶液处于相平衡状态，该结线应通过对应的物系点 R。

三、仪器与试剂

酸式滴定管（50mL）	1 支	碱式滴定管（50mL）	1 支
碘量瓶（100mL）	2 只	碘量瓶（25mL）	4 只
锥形瓶（200mL）	2 只	移液管（2mL）	4 支
移液管（5mL、10mL）	各 2 支	$0.5 mol \cdot L^{-1}$ NaOH	标准溶液
三氯甲烷、冰醋酸	分析纯		

四、实验步骤

1. 在洁净的酸式滴定管中装入去离子水。移取 6.00mL 三氯甲烷和 1.00mL 醋酸于干燥洁净的 100mL 碘量瓶中，摇匀。然后慢慢滴入水，边滴边摇动，直至溶液由清亮变浑，即为终点，记录水的体积。再向体系中加入 2.00mL 醋酸，体系又成为均相，继续用水滴定，使体系再次由清变浑，分别记录此时体系中醋酸、三氯甲烷和水的体积。而后再依次加入 3.50mL 醋酸，滴定；再加入 6.50mL 醋酸，滴定，并记录系统中对应各组分的体积。最后加入 40.00mL 水，塞紧瓶盖，每隔 5min 振摇一次，约 30min 后静置备用（溶液Ⅰ）。

另取一只干燥洁净的 100mL 碘量瓶，移入 1.00mL 三氯甲烷和 3.00mL 醋酸。用水滴定至终点。以后再依次添加 2.00mL、5.00mL、6.00mL 醋酸，分别用水滴定至终点。记录各次各组分的用量。最后加入 9.00mL 三氯甲烷和 5.00mL 醋酸，每隔 5min 振摇一次，约 30min 后静置备用（溶液Ⅱ）。

2. 将溶液Ⅰ静置至两层液体分层后，用干燥洁净的移液管吸取上、下两层溶液各 2.00mL，分别放入已称重的 25mL 碘量瓶中，称其质量，然后用水洗入 200mL 锥形瓶中，加入少许酚酞，用 $0.5 mol \cdot L^{-1}$ NaOH 溶液滴定其中醋酸的含量。用同样的方法处理静置分层后的溶液Ⅱ。

五、注意事项

1. 因为所测体系组分之一是水，所以所用的碘量瓶均需干燥。
2. 在用水滴定时要一滴一滴地加入，并不停地振荡，待出现浑浊并在 2～3min 内仍不消失即为终点。特别是在接近终点时更要多加振荡，因为这时溶液接近饱和，溶解平衡需要较长的时间。

3. 在室温低于16℃时，冰醋酸可恒温后用刻度移液管量取。

4. 用移液管吸取两相平衡的下层溶液时，可用手指紧紧堵住移液管口并快速插入下层溶液，这样可避免上层溶液的沾污。

六、实验原始数据记录

室温：_____ 大气压：_____ $c(NaOH)=$ _____

系统	$V_{三氯甲烷}$/mL	$V_{醋酸}$/mL	$V_{水}$/mL
溶液Ⅰ	6.00	1.00	
	…	…	
溶液Ⅱ	1.00	3.00	
	…	…	

体系		W/g	V_{NaOH}/mL
溶液Ⅰ	上层		
	下层		
溶液Ⅱ	上层		
	下层		

七、实验数据处理

1. 溶解度曲线的绘制

计算并将各实验点中所含各物质的浓度填入下表中。三氯甲烷、醋酸和水的密度数据见附表或教材的附录。

系统	三氯甲烷		醋 酸		水		$W_{总}$	w/%		
	V/mL	W/g	V/mL	W/g	V/mL	W/g		三氯甲烷	醋酸	水
溶液Ⅰ	6.00		1.00							
	…		…							
溶液Ⅱ	1.00		3.00							
	…		…							

在三角坐标系中标出各实验点，连接各点即为溶解度曲线。图7-1中BC边上a、d相点的数值可在附表中查到。

2. 共轭系相点结线的绘制

分别计算溶液Ⅰ、Ⅱ共轭溶液中醋酸的浓度，填入下表。

溶液	Ⅰ		Ⅱ	
	上层	下层	上层	下层
$w_{(醋酸)}$/%				

在给出的醋酸-水-三氯甲烷三组分系统相图中标出溶液Ⅰ、Ⅱ的物系点，并在溶解度曲线上标出两对共轭系的相点，将两对共轭系的相点对应连接，即为所需的相点结线。

八、思考题

1. 如果共轭溶液相点结线不通过物系点，原因可能是什么？
2. 在用水滴定溶液Ⅱ的最后一个实验点时，溶液由清变浑的终点不明显，原因是什么？

九、附表

在温度 $t(℃)$ 时，三氯甲烷和醋酸的密度可按下式计算

$$\rho_T = \rho_S + \alpha t/℃ \times 10^{-3} + \beta(t/℃)^2 \times 10^{-6} + \gamma(t/℃)^3 \times 10^{-9}$$

物质	ρ_S	α	β	γ
三氯甲烷	1.5264	−1.856	−0.531	−8.8
醋酸	1.072	−1.1229	0.0058	−2.0

三氯甲烷在水中的溶解度

T/K	273.2	283.2	293.2	303.2
w(三氯甲烷)	0.01052	0.00888	0.00815	0.00770

水在三氯甲烷中的溶解度

T/K	276.2	284.2	290.2	295.2	304.2
w(水)	0.00019	0.00043	0.00061	0.00065	0.00109

注：w 为质量分数。

摘自：蔡火操等编．化学技术基础实验教程．武汉：湖北科学技术出版社，2001.323.

附

利用 Origin 软件进行相图绘制和数据处理

1. 数据输入

打开 Origin 软件，在"Book1"窗口中输入溶解度曲线所对应的数据。具体为：鼠标右键点击空白处，在出现的快捷框中点击"Add New Column"命令，出现"C（Y）"数据列。双击"C(Y)"出现"Column Properties"对话框，选择其中的"Plot Designation"下拉菜单，点击"Z"选项，便完成了 C(Z) 轴的添加。随后将各实验点的组成数据按照 A(X)-w(CH$_3$Cl)％、B(Y)-w(CH$_3$COOH)％、C(Z)-w(H$_2$O)％对应填入，并且将数据按照 A(X)-w(CH$_3$Cl)％降序排列。

2. 溶解度曲线的绘制

选中 A(X)-w(CH$_3$Cl)％、B(Y)-w(CH$_3$COOH)％、C(Z)-w(H$_2$O)％三列数据，在【Plot】菜单中点击【Ternary】下拉菜单中的"Line＋Symbol"选项卡，即绘制出溶解度曲线。

3. 绘制 O$_1$、O$_2$ 两个物系点

由于 O$_1$、O$_2$ 两物系点为散点图，而溶解度曲线则是点线图，所以 O$_1$、O$_2$ 两物系点与溶解度曲线不能在同一图层绘制，而是采用添加图层的方法完成。回到"Book1"窗口，点击快捷工具栏中【New Workbook】命令，则生成新数据表"Book2"。重复1的操作，使表格中出现 C(Z) 数据列。随后将实验所得的 O$_1$、O$_2$ 点的组成对应输入"Book2"相应数据列中。在绘图窗口"Graph1"空白处单击右键，选择【Layer Contents】命令，将"Layer

Contents"对话框中左侧"C(Z) Book2"选中,再点击"➡"(Polt Add)命令,点"OK"确定后,相图中便显示出两个物系点 O_1 和 O_2。

4. 两条相点结线的绘制

共轭组成点的数据读取:在"Graph1"中选择快捷工具"🔍"(Scale In),在图形中用鼠标将读数区域局部放大,然后选择工具"✤"(Screen Reader),根据所测定的下层溶液中醋酸含量,在溶解度曲线上找到相应"Y-w(CH$_3$COOH)%"的位置(因为氯仿密度较大,主要分布在下层溶液中,因此下层共轭点应在溶解度曲线靠近氯仿的一侧寻找),单击,则在出现的"Data Display"窗口中可读取此时体系中三个组分的组成数值(图 7-2),记录并单击"🔍"(Scale Out)命令,使图形恢复原来大小。重复以上操作,可以分别在溶解度曲线上读出溶液(Ⅰ)和溶液(Ⅱ)两对共轭组成点的数据。

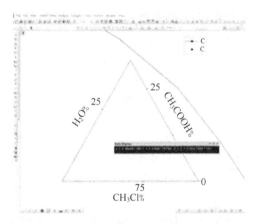

图 7-2 曲线局部放大及数据读取过程图示

绘制相点结线:按照步骤 3 的方法,增加新数据表格"Book3",输入溶液(Ⅰ)的一对共轭组成点的数据。返回绘图窗口"Graph1",在空白处单击右键,选择【Layer Contents】命令,将"Layer Contents"对话框中左侧"C(Z) Book3"选中,再点击"➡"(Plot Add)命令,点击"OK",即可将这对共轭组成点在相图中显示出来。再将鼠标放置于其中一个共轭组成点上,单击右键,选择"Plot Details"命令,在出现的对话框中将其【Plot Type】设置为"Line + Symbol",即得溶液(Ⅰ)的两相结线。重复以上操作,可绘制出溶液(Ⅱ)的两相结线。

实验八

电桥法测定醋酸的电离平衡常数

一、实验目的

1. 掌握电桥法测定醋酸电离平衡常数的原理和方法。
2. 测定醋酸溶液的电阻,并计算醋酸的电离平衡常数。

二、实验原理

醋酸属弱电解质,在一定温度的水溶液中电离达到平衡时,其电离平衡常数 K_c 与浓度 c 以及电离度 α 之间有如下关系:

$$K_c = \frac{c\alpha^2}{1-\alpha} \tag{8-1}$$

可以通过测定一定浓度的醋酸水溶液的电离度,代入上式计算该温度下的电离平衡常数 K_c。

在一定温度下,弱电解质的电离度 α 与该电解质的摩尔电导率 Λ_m 之间的关系为:

$$\alpha = \frac{\Lambda_m}{\Lambda_m^\infty} \tag{8-2}$$

式中,Λ_m^∞ 为电解质溶液在无限稀释时的摩尔电导率,其单位为 $S \cdot m^2 \cdot mol^{-1}$。

将电解质溶液放入两平行电极间距离为 l (m)、电极面积均为 A (m^2) 的电导池中,其摩尔电导率 Λ_m 与溶液的电阻 R 之间的关系为:

$$\Lambda_m = \frac{\kappa}{c} = \frac{K_{cell}}{Rc} \tag{8-3}$$

即

$$\kappa = \frac{K_{cell}}{R} \tag{8-4}$$

式中,K_{cell} 为电导池常数,m^{-1},$K_{cell} = l/A$;κ 为电解质溶液的电导率,$S \cdot m^{-1}$。

由式(8-4)可知,测定已知电导率的电解质溶液的电阻,即可计算电导池常数 K_{cell}。用同一个电导池,便可通过测定弱电解质溶液的电阻,由式(8-4)~式(8-1)逐步回代,即可求得该弱电解质的电离平衡常数。

测定电解质溶液电阻的常用方法为惠斯登电桥法,其原理如下:测量线路图如图 8-1 所示,其中 S 为低频信号发生器;R_1 为可变电阻箱阻值;R_2 和 R_3 为滑线变阻器阻值;R_x 为待测溶液电阻阻值;G 为示波器(电流示零装置)。

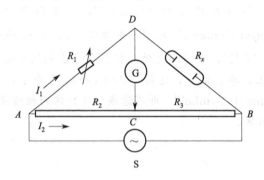

图 8-1 惠斯登电桥线路示意图

测量时,调节 R_1、R_2 和 R_3,使 CD 两点间电势差等于零,此时 CD 间无电流通过,即有:

$$V_{AC} = V_{AD} \qquad V_{CB} = V_{DB}$$

即

$$I_2 R_2 = I_1 R_1 \qquad I_2 R_3 = I_1 R_x$$

$$\frac{R_2}{R_3} = \frac{R_1}{R_x} \qquad R_x = \frac{R_1 R_3}{R_2}$$

实际操作时，常将图 8-1 中的 C 点固定在滑线变阻器的中点而使 $R_2 = R_3$，则只需调节 R_1 使电桥平衡，此时 $R_x = R_1$。

三、仪器与试剂

滑线电阻器	1个	旋转电阻箱	1个	示波器	1台
恒温槽	1套	低频信号发生器	1台	电导池	1个

醋酸溶液（$0.0250\text{mol}\cdot\text{L}^{-1}$、$0.0500\text{mol}\cdot\text{L}^{-1}$、$0.1000\text{mol}\cdot\text{L}^{-1}$）
KCl 标准溶液（$0.0100\text{mol}\cdot\text{L}^{-1}$）

四、实验步骤

1. 调节恒温槽温度为 $298.15\text{K}\pm0.1\text{K}$（或 $303.2\text{K}\pm0.1\text{K}$、$308.2\text{K}\pm0.1\text{K}$）。
2. 按图 8-1 接好交流电桥线路，设置交流电源的频率为 1000Hz，电压不超过 5V，并调节滑线变阻器上移动滑片的位置，使 $R_2 = R_3$。
3. 测定电导池常数

倾去电导池中蒸馏水，用少量的 KCl 标准溶液洗涤电导电极三次，然后倒入 KCl 标准溶液，使液面超过电极 1~2cm。将电导池置于恒温槽中，恒温 5~10min。调节 R_1 至示波器显示屏上出现一条直线，记下 R_1 值，重复测定三次。

4. 测定醋酸溶液的电导

倾去电导池中的 KCl 溶液，将电导电极用蒸馏水洗涤，再用少量的待测醋酸溶液洗涤三次，然后注入待测的醋酸溶液，使溶液超过电极 1~2cm。将电导池置于恒温槽中，恒温 5~10min，调节 R_1 至示波器显示屏上出现一条直线，记下 R_1 值，重复测定三次。依照此法测定另外两种浓度醋酸溶液的电阻。

5. 洗净电导电极，再次测定电导池常数，以确定实验过程中电导池常数有无变化。

五、注意事项

1. 低频信号发生器和示波器需提前预热数分钟，参数设置要恰当。
2. 电导电极需洗干净。
3. 转动电阻箱旋钮时，应顺时针进行，动作应缓慢。
4. 测定醋酸溶液的电阻时，醋酸溶液应从稀至浓依次测定。
5. 实验完毕后，电导电极需洗净并用蒸馏水浸泡。

六、实验原始数据记录

室温：_____ 大气压：_____ 实验温度：_____

$0.0100\text{mol}\cdot\text{L}^{-1}$ KCl 溶液电阻的测量数据

实验次数	R_1/Ω		
	1	2	3
实验开始			
实验结束			

不同浓度醋酸溶液电阻的测量数据

$c/\text{mol}\cdot\text{L}^{-1}$	R_1/Ω		
	1	2	3
0.0250			
0.0500			
0.1000			

七、实验数据处理

计算实验所使用的电导池的电导池常数和醋酸溶液的电离平衡常数填入下表，计算实验误差。

实验次数	$\overline{R}/\Omega$	G/S	K_{cell}/m^{-1}
实验开始			
实验结束			

$\overline{K}_{cell} =$

c /mol·L^{-1}	$\overline{R}$ /Ω	G /S	κ /S·m^{-1}	Λ_m /S·m^2·mol^{-1}	α	K_c/mol·L^{-1}
⋮	⋮	⋮	⋮	⋮	⋮	⋮

$\overline{K}_c =$ 　　　相对误差 =

八、思考题

1. 电导池常数 K_{cell} 是否可用卡尺来测量？为什么？
2. 测定溶液电导一般不用直流电而用交流电，为什么？
3. 为防止电极极化，交流电源频率常选在 1000 Hz 左右，为什么不选择更高的频率？

九、附表及文献值

1. 醋酸电离平衡常数的文献值

t/℃	5	10	15	20	25	30	35	40
$K_c \times 10^5$/mol·L^{-1}	1.698	1.730	1.742	1.750	1.750	1.750	1.730	1.698

摘自：朱元保，沈子琛等编．电化学数据手册．长沙：湖南科技出版社，1985.74.

2. 不同温度下醋酸的无限稀释摩尔电导率

$$\Lambda_m^\infty / S \cdot m^2 \cdot mol^{-1} = 0.03907 + 5.9661 \times 10^{-4} (t/℃ - 25)$$

摘自：印永嘉．物理化学简明手册．北京：高等教育出版社，1988.159.

3. 不同温度下 0.0100 mol·L^{-1} KCl 标准溶液的电导率

t/℃	5	10	15	16	17	18	19	20
κ/S·m^{-1}	0.0896	0.1020	0.1147	0.1173	0.1199	0.1225	0.1251	0.1278
t/℃	21	22	23	24	25	26	27	28
κ/S·m^{-1}	0.1305	0.1332	0.1359	0.1386	0.1413	0.1441	0.1468	0.1496
t/℃	29	30	31	32	33	34		
κ/S·m^{-1}	0.1524	0.1552	0.1581	0.1609	0.1638	0.1667		

摘自：朱元保，沈子琛等编．电化学数据手册．长沙：湖南科技出版社，1985.471.

实验九
原电池电动势的测定

一、实验目的
1. 测定锌-铜原电池的电动势和铜、锌电极的电极电势。
2. 掌握对消法测定原电池电动势的原理及电位差计的使用。
3. 学会铜锌电极的制备及处理方法。

二、实验原理

原电池由正、负两个电极插在相应的电解质溶液中构成。原电池中电势高的电极为正极（或阴极），电势低的为负极（或阳极），正极发生还原反应，负极发生氧化反应，原电池反应则是两个电极反应的加和。原电池电动势是用右边正极的还原电势减去左边负极的还原电势，即：

$$E = \varphi_+ - \varphi_- \tag{9-1a}$$
$$E^{\ominus} = \varphi_+^{\ominus} - \varphi_-^{\ominus} \tag{9-1b}$$

式中，φ_+ 和 $\varphi_+^{\ominus}$ 分别为原电池正极（或阴极）的电极电势和标准电极电势；φ_- 和 $\varphi_-^{\ominus}$ 分别为原电池负极（或阳极）的电极电势和标准电极电势。

原电池的电动势与温度及电解质溶液的浓度（或活度）有关。当温度一定时，原电池电动势与参与电池反应各物质活度之间的关系符合能斯特方程，即：

$$E = E^{\ominus} - \frac{RT}{zF} \ln \prod_B a_B^{\nu_B} \tag{9-2}$$

测量原电池的电动势，可以研究构成此电池的化学反应的热力学性质。由化学热力学，在恒温、恒压、可逆条件下，有下列关系式：

$$\Delta_r G_m = -zFE \tag{9-3}$$

式中，$\Delta_r G_m$ 是电池反应的吉布斯自由能变化；z 是电极反应中电子的计量系数；F 是法拉第常数；E 是电池电动势。由上式可知，测定原电池的电动势便可求电池反应的 $\Delta_r G_m$，进而求其他热力学参数。

电池电动势不能直接用伏特计测量，因为当把伏特计与电池接通后，电池会由于放电而发生化学变化，电池中溶液浓度将不断改变，电池电动势值不稳定；另一方面，电池本身存在内阻，伏特计量出的是两电极上的电势差，而不是电池电动势。电池电动势应当是通过电池的电流强度 $I \to 0$ 时电池两极间的电势差。Poggendorff（波根多夫）对消法便是根据这个要求设计的。其原理示意如图9-1所示。

图中，E_W 为工作电池；S.C. 为标准电池；E_x 为待测电池；D 为换向开关，当 D 向下时与 S.C. 相通，当 D 向上时与 E_x 相通；K 为电键；G 为检流计；AB 为均匀电阻丝。

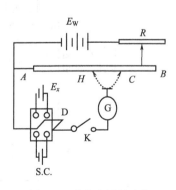

图 9-1 对消法原理示意

测定时，先使 D 向下时与 S.C. 相通，将 C 点移至标准电池在测定温度时的电动势值处，调节可调电阻 R 直到 G 中无电流通过，此时有：

$$V_{AC} = E_{\text{S.C.}} \tag{9-4}$$

AB 电阻丝上所通过的电流强度：

$$I = \frac{E_{\text{S.C.}}}{R_{\overline{AC}}} \tag{9-5}$$

再使 D 向上与待测电势电池相通，调节 H 点至 G 中无电流通过，电阻 AH 两端的电势即为待测电池的电动势。即：

$$E_x = I \times R_{\overline{AH}} = \frac{R_{\overline{AH}}}{R_{\overline{AC}}} \times E_{\text{S.C.}} \tag{9-6}$$

三、仪器与试剂

UJ-25 型直流电位差计	1 台	直流辐射式检流计	1 台
韦斯顿标准电池	1 只	WYS-01 精密基准稳压电源	1 台
电极管（带盐桥）	3 只	铜电极	2 支
锌电极	1 支	饱和甘汞电极	1 支
0.1000 mol·L^{-1} ZnSO$_4$		0.1000 mol·L^{-1} CuSO$_4$	0.0100 mol·L^{-1} CuSO$_4$
氯化钾（分析纯）		饱和硝酸亚汞溶液	稀硝酸

四、实验步骤

1. 制备电极

（1）锌电极制备：先用砂纸擦去锌电极表面上的氧化层；洗净后，用稀硫酸溶液浸泡锌电极 30s，进一步除去表面上的氧化层。洗净后，浸入饱和硝酸亚汞溶液中 5s，使锌电极表面形成均匀的锌汞齐。洗净后，插入 0.1000 mol·L^{-1} 硫酸锌溶液的电极管中。

（2）铜电极制备：将两支铜电极用砂纸仔细擦去表面上的氧化层，再用稀硝酸溶液浸泡铜电极 30s，进一步除去表面的氧化层，用蒸馏水洗净后置于电镀池中进行电镀，电流密度控制在 10mA·cm^{-2} 为宜，电镀 20min 以上，取出洗净后分别插入 0.1000 mol·L^{-1} 和 0.0100 mol·L^{-1} 的硫酸铜溶液的电极管中。

2. 原电池电动势的测定

（1）按照电位差计接线示意图（图 9-2）接好电动势测量线路。

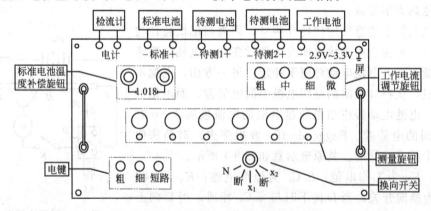

图 9-2 UJ-25 型直流电位差计接线示意图

(2) 根据标准电池的温度系数，计算实验温度下的标准电池电动势。将标准电池温度补偿旋钮调节在该电动势处。

(3) 将换向开关拨至与标准电池相通，将换向开关扳向 N（"校正"），断续地分别按下"粗""细"电键，视检流计光点的偏转情况，调节工作电流调节旋钮使检流计光点指示为零，工作电池的工作电流标定完毕。

(4) 将已制备好的锌电极和铜电极与饱和甘汞电极组成下列四组原电池：

① $Zn(s) | ZnSO_4(0.1000 mol·L^{-1}) \| CuSO_4(0.1000 mol·L^{-1}) | Cu(s)$

② $Cu(s) | CuSO_4(0.01000 mol·L^{-1}) \| CuSO_4(0.1000 mol·L^{-1}) | Cu(s)$

③ $Zn(s) | ZnSO_4(0.1000 mol·L^{-1}) \| KCl（饱和）| Hg_2Cl_2(s) | Hg(l)$

④ $Hg(l) | Hg_2Cl_2(s) | KCl（饱和）\| CuSO_4(0.1000 mol·L^{-1}) | Cu(s)$

将换向开关拨至与待测电池相通，再将换向开关扳向 X_1 或 X_2，断续地分别按下"粗""细"电键，同时旋转各测量挡旋钮，至检流计光点指示为零，此时电位差计各测量挡所示电压值的总和即为待测电池的电动势。

(5) 测量完毕后，将检流计短路，拆除导线，将电位差计上各旋钮复原。

五、注意事项

(1) 在电极处理过程中，各步骤间电极需用蒸馏水洗净，酸洗、电镀后应将电极立即洗净并进行下一步处理，防止电极因暴露在空气中重新被氧化。酸洗及汞齐化的时间应严格控制。

(2) 电位差计接线时，应注意不要将线路极性接反了。

(3) 测量前可根据电化学基本知识，初步估算待测电池的电动势大小，以便在测量时迅速找到平衡点，避免电极极化。

(4) 在测量过程中，一定要先按电位差计上的"粗"按钮，待检流计光点调到零附近后再按"细"按钮，按下按钮的时间不要过长（一般不超过 2s），以防止损坏标准电池或使待测电池的电解质溶液浓度发生变化。

(5) 在测量过程中，要经常用标准电池对电位差计通过的电流进行标定，否则会由于工作电池电压不稳定而导致测量结果不准确。

(6) 在测量过程中操作动作应尽量缓慢、轻柔，以免检流计光点晃动，影响测量结果的精度。

(7) 注意盐桥中是否有气泡存在或断路，甘汞电极内 KCl 溶液是否已饱和且已没过电极。

六、实验原始数据记录

室温：_____ 大气压：_____

原电池	E/V		
	1	2	3

七、实验数据处理

1. 由能斯特方程计算实验温度下电池①、②的电池电动势理论值,并与实验值比较,计算相对误差。

2. 由实验数据和甘汞电极的电极电势计算电池③、④中锌电极和铜电极的电极电势实验值,并与理论值比较,计算相对误差。

八、思考题

1. 对消法测定电池电动势装置中,电位差计、工作电池、标准电池、检流计等各起什么作用?

2. 在测量电池电动势中,若检流计光点总往一个方向偏转,最可能是什么原因?

3. 测定电池电动势为什么要用盐桥?如何选用盐桥以适合不同测量体系?

九、附表

(1) 不同温度 t 下韦斯顿标准电池的电池电动势

$E_t/\text{V} = 1.018646 - 4.06 \times 10^{-5}(t/\text{℃} - 20) - 9.5 \times 10^{-7}(t/\text{℃} - 20)^2 + 1 \times 10^{-8}(t/\text{℃} - 20)^3$

(2) 不同温度 t 下饱和甘汞电极的电极电势

$\varphi/\text{V} = 0.2412 - 6.61 \times 10^{-4}(t/\text{℃} - 25) - 1.75 \times 10^{-6}(t/\text{℃} - 25)^2 - 9 \times 10^{-10}(t/\text{℃} - 25)^3$

(3) 25℃时不同浓度 $CuSO_4$、$ZnSO_4$ 溶液的平均活度因子 $\gamma_\pm$ 和铜、锌电极的 $\varphi_{298K}^\ominus$。

电解质	浓度		电极	$\varphi_{298K}^\ominus/\text{V}$	$\dfrac{d\varphi^\ominus}{dT}/\text{V}\cdot\text{K}^{-1}$
	$0.100\text{mol}\cdot\text{L}^{-1}$	$0.0100\text{mol}\cdot\text{L}^{-1}$			
$CuSO_4$	0.160	0.40	Cu^{2+}/Cu	0.337	8×10^{-6}
$ZnSO_4$	0.150	0.387	Zn^{2+}/Zn	-0.7628	9.1×10^{-5}

摘自:复旦大学等编. 物理化学实验. 第 2 版. 北京:高等教育出版社,1995. 453.

实验十

蔗糖水解速率常数的测定

一、实验目的

1. 了解旋光仪的基本原理,掌握旋光仪的正确操作。
2. 了解反应的反应物浓度与旋光度之间的关系。
3. 测定蔗糖水解反应速率常数和半衰期。

二、实验原理

蔗糖水解反应按下式进行:

$$C_{12}H_{22}O_{11}(A,\text{蔗糖}) + H_2O \xrightarrow{H^+} C_6H_{12}O_6(\text{葡萄糖}) + C_6H_{12}O_6(\text{果糖})$$

$$-\frac{dc_A}{dt} = k' c_{H^+} c_{H_2O} c_A \tag{10-1}$$

式中，k' 为反应速率常数；c_{H^+}、c_{H_2O}、c_A 分别为 H^+、H_2O、蔗糖的浓度。

由于在反应过程中，水是大量存在的；且酸是催化剂，其数量和化学性质在反应前后不变，因此该反应的速率方程可近似表示为：

$$-\frac{dc_A}{dt} = k c_A \tag{10-2}$$

积分得：
$$\ln c_A = -kt + \ln c_{A,0} \tag{10-3}$$

$$t_{1/2} = \frac{\ln 2}{k} \tag{10-4}$$

式中，$c_{A,0}$ 为蔗糖的初始浓度；$k = k' c_{H^+} c_{H_2O}$ 为准一级反应速率常数；$t_{1/2}$ 为反应的半衰期。

测定反应过程中不同时刻蔗糖的浓度 c_A，拟合 $\ln c_A$-t 线性关系，由直线的斜率即可求出蔗糖水解反应的速率常数 k。本实验中利用一定条件下溶液旋光度与浓度的关系，用物理法通过测旋光度间接测浓度。

溶液的旋光度与溶液中所含物质的旋光能力、溶剂性质、溶液的浓度、样品管长度、光源波长及温度有关。当其他条件固定时，旋光度 α 与溶液浓度呈线性关系，即：$\alpha = Kc$。

本实验中，蔗糖及其水解产物均具有旋光性，且旋光能力各有不同。反应物蔗糖是右旋性物质（$[\alpha]_D^{20} = 66.6°$），生成物中葡萄糖为右旋性物质（$[\alpha]_D^{20} = 52.5°$），而果糖是左旋性物质（$[\alpha]_D^{20} = -91.9°$）。因此随着反应的进行，体系由右旋逐渐变为左旋，旋光度数值逐渐减小，由正变负。当蔗糖完全水解后，反应物完全转化为产物，左旋角达到最大值 α_∞。因反应物等量转化为产物，水解完全时产物浓度与反应体系的初始浓度相等。

设反应系统最初旋光度为 α_0，则
$$\alpha_0 = K_{反} c_{A,0}$$
$$\alpha_\infty = K_{产} c_{A,0}$$

t 时刻反应系统旋光度为 α_t，则
$$\alpha_t = K_{反} c_A + K_{产} (c_{A,0} - c_A)$$

式中，$K_{反}$、$K_{产}$ 分别为反应物和生成物的比例系数。

则 $c_{A,0} = \dfrac{\alpha_0 - \alpha_\infty}{K_{反} - K_{产}} = K'(\alpha_0 - \alpha_\infty)$，$c_A = \dfrac{\alpha_t - \alpha_\infty}{K_{反} - K_{产}} = K'(\alpha_t - \alpha_\infty)$，代入式(10-3)，得

$$\ln(\alpha_t - \alpha_\infty) = -kt + \ln(\alpha_0 - \alpha_\infty) \tag{10-5}$$

拟合 $\ln(\alpha_t - \alpha_\infty)$ 与 t 的线性关系，该直线的斜率的绝对值即为该反应的速率常数 k。

三、仪器与试剂

旋光仪	1台	恒温槽	1台	秒表	1块
50mL 移液管	1支	100mL 烧杯	1只	250mL 锥形瓶	1只
蔗糖（分析纯）		HCl 溶液（4.00mol·L^{-1}）		50mL 量筒	1只

四、实验步骤

1. 打开旋光仪电源，预热仪器 5min。

2. 校正仪器零点：洗净旋光管，用去离子水充满后旋紧管盖，用擦镜纸将旋光管两头的光学镜片拭净并吸干旋光管外水渍，放入旋光仪中，旋转刻度盘至三分视野消失且明暗度相等为止。此时刻度盘读数即为仪器零点。

3. 配制蔗糖溶液：用台秤称取 10g 蔗糖于 100mL 烧杯中，用 50mL 去离子水溶解，然后移至锥形瓶中。

4. 测定蔗糖水解反应系统的旋光度 α_t：用移液管吸取 50mL 4.00mol·L^{-1} 的盐酸溶液滴入蔗糖溶液中（滴入一半体积时按下秒表），迅速用少量混合液洗涤旋光管三次，然后将反应液充满旋光管，盖好盖子并擦净，立即放入旋光仪内，在反应开始的第 3min 时测定第一个数据，然后在反应开始的 15min 内，每 1~2min 测定一次。以后由于反应物浓度降低，使反应速率减慢，可以将每次测量的时间间隔适当放宽，一直测量到溶液的旋光度出现三个负值时，测量完毕。

5. 测定蔗糖完全水解时溶液的旋光度：将测定 α_t 时剩余的反应液放入温度为 50~55℃ 的恒温槽中，恒温 30min 后取出，冷却至室温。测定该溶液的旋光度即为 α_∞，连续读取三次，取其平均值。

注：(1) 如果反应温度较低，可酌情延长数据记录时间间隔。
　　(2) 如果反应温度较高，可酌情减少盐酸溶液的体积，以免反应速率过快。

五、注意事项

1. 在测量蔗糖水解速率前，应熟练地使用旋光仪，以保证在测量时能正确准确地读数。
2. 旋光管管盖旋紧至不漏水即可，太紧容易损坏旋光管并易产生假旋光现象而产生实验误差。
3. 旋光管中若有小气泡存在，可将其放在旋光管上的凸起部位处。
4. 升温加速蔗糖水解完全时，水温不宜超过 60℃，以免产生副反应而产生实验误差。有副反应发生时，会使溶液发黄。
5. 旋光仪的钠光灯若较长时间不用时，应熄灭灯源，以保护钠光灯。
6. 测量完毕应立即洗净旋光管，以免酸对旋光管的腐蚀。

六、实验原始数据记录

室温：_____　　大气压：_____

t/min			…	∞	
α_t			…		

七、实验数据处理

拟合 $\ln(\alpha_t - \alpha_\infty)$-$t$ 线性关系，该直线斜率的绝对值即为 k，并计算反应的半衰期 $t_{1/2}$。亦可分下列三步处理数据以提高精度。

1. 用实验所得的旋光度 α_t 与对应的时间 t 拟合曲线。
2. 从 α_t-t 曲线图等间隔取 8 个时间 t 数据，代入拟合方程求取对应的旋光度拟合值 α_t'。
3. 计算 $\ln(\alpha_t' - \alpha_\infty)$，并以 $\ln(\alpha_t' - \alpha_\infty)$ 对 t 作图，由直线斜率计算反应的速率常数 k，并计算反应的半衰期 $t_{1/2}$。

八、思考题

1. 在旋光度的测量中,为什么要对零点进行校正?可否用去离子水来进行校正?在本实验中若不进行校正,对结果是否有影响?为什么?

2. 配制蔗糖溶液时,称量不准确对实验有影响吗?为什么?

3. 使用旋光仪时以三分视野消失且较暗的位置读数,能否以三分视野消失且较亮的位置读数?哪种方法更好?

4. 在混合蔗糖溶液和 HCl 溶液时,将 HCl 溶液加到蔗糖溶液中,可否把蔗糖溶液加到 HCl 溶液中去?为什么?

九、文献值

$[H^+]=1.8 mol \cdot L^{-1}$

$k_{298K}=11.16 \times 10^{-3} min^{-1}$,$k_{308K}=46.76 \times 10^{-3} min^{-1}$,$k_{318K}=148.8 \times 10^{-3} min^{-1}$

摘自:顾良证,武佳昌等编. 物理化学实验. 南京:江苏科技出版社,1986.69.

附

1. 实验数据的处理及 $\ln(\alpha_t - \alpha_\infty)$-$t$ 曲线的拟合方法

(1) 在 Excel 工作表的相邻两列中输入反应时间 "t/min" 和对应旋光度值 "α_t",在相邻的第三列输入公式 "=ROUND($\ln$([α_t 值单元格地址]-[α_∞ 值]),4)",计算相应的 $\ln(\alpha_t - \alpha_\infty)$ 数值。输入公式时可使用填充柄。

(2) 按下【Ctrl】键的同时用鼠标选择 "t/min" 和 "$\ln(\alpha_t - \alpha_\infty)$" 数据单元格区域后,单击工具栏上的图表向导按钮,在 "图表向导—4 步骤之 1—图表类型" 中选择图表类型为 "XY 散点图" 的 "散点图" 子类型 ,作出 $\ln(\alpha_t - \alpha_\infty)$-$t$ 散点图。

(3) 用鼠标选择散点图上的任意一个数据点,单击鼠标右键,选择所弹出菜单里的【添加趋势线】命令。在出现的 "添加趋势线" 对话框里,在 "类型" 标签下选择趋势线类型为 "直线";在 "选项" 的标签下选择 "显示公式" 和 "显示 R 平方值",单击 "确定",即可完成实验数据的直线拟合,同时得到拟合方程。

2. 旋光仪的工作原理及使用方法

当一束平面偏振光通过旋光性物质时,能使其偏振方向偏转一定的角度。按偏振光通过旋光性物质时其振动面旋转方向的不同,可以将旋光性物质分为两类:观察者迎着光线观察,若振动面逆时针方向旋转,则其旋光性为左旋,相应物质称为左旋物质;若偏振光的振动面顺时针方向旋转,则其旋光性为右旋,该类旋光性物质称为右旋物质。

旋光度是描述平面偏振光被偏转角度的方向和大小的物理量。旋光物质的旋光度除了取决于该物质的本性外,还与测定温度、光经过物质的厚度、光源的波长等因素有关,若被测物质是溶液,当光源波长、温度、厚度恒定时,其旋光度与溶液的浓度成正比。

由于旋光度可以因实验条件的不同而有很大的差异,因此规定:以钠光 D 线作为光源,温度为 20℃时,一根 10cm 长的样品管中,每毫升溶液中含有 1g 旋光物质时所产生的旋光度,即为该物质的比旋光度,用符号 $[\alpha]$ 表示:

$$[\alpha] = \frac{10\alpha}{lc}$$

式中，α 为测量所得的旋光度值；l 为样品的管长，cm；c 为浓度，$g·mL^{-1}$。

比旋光度 $[\alpha]$ 是旋光物质特有的物理常数，其值仅决定于物质的结构，因此常用于表示或比较各种旋光性物质的旋光能力。

旋光仪是测定旋光度的仪器。本实验中所使用的 WXG-4 型旋光仪工作原理简述如下：

旋光仪主要由起偏器和检偏器两部分构成。起偏器由尼科尔棱镜构成，固定在仪器的前端，用来产生偏振光。为了提高测量的准确度，在起偏镜后的中部装有一宽度为视野 1/3 的石英片。检偏器也是由一块尼科尔棱镜组成，偏振片固定在两保护玻璃之间，并随刻度盘同轴转动，用来测量偏振面的转动角度。其光学系统如图 10-1 所示。

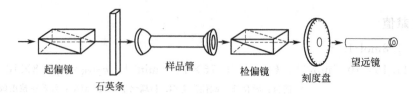

图 10-1　旋光仪光学系统示意

设一束自然光通过起偏镜后所得到的偏振光沿 OA 方向振动，当其透过具有旋光性的石英片时，偏振光的角度被偏转了一个角度 φ，该部分偏振光将沿 OP 方向振动，OA、OP 之间的夹角 φ 称为半暗角。如果旋转检偏镜使其透光轴 OB 与 OA 重合，则在望远镜中所看到的视野中有沿 OB 方向振动的光的分量通过石英条使该部分稍暗，两旁的偏振光则全部通过检偏镜而很强，即出现三分视野 [如图 10-2(a) 所示]；如果检偏镜的透光轴 OB 与 OP 呈 90°，则中间部分因无光通过使其很暗，两旁部分有沿 OB 方向振动的光的分量通过而稍暗 [如图 10-2(b) 所示]；如果检偏镜的透光轴 OB 与 OA 呈 90°，则三分视野的中间部分因有沿 OB 方向振动的光的分量通过使其稍暗，两旁部分因无光通过而很暗 [如图 10-2(c) 所示]；如果检偏镜的透光轴 OB 与半暗角的等分角线呈 90°，则三分视野的各个部分通过的沿 OB 方向振动的光的分量均相等，此时三分视野消失且因透光的分量较小而较暗 [如图 10-2(d) 所示]。如果检偏镜的透光轴 OB 与半暗角的等分角线重合，则三分视野的各个部分通过的沿 OB 方向振动的光的分量也相等，此时三分视野也消失但因透光的分量较大而很亮 [如图 10-2(e) 所示]。

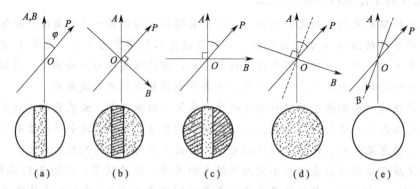

图 10-2　旋光仪三分视野图

在起偏镜与检偏镜之间的样品管内充满无旋光性的去离子水，调节检偏镜的角度使由图 10-2(d) 所示的三分视野消失，将此时的角度读数作为零点，再在样品管中充满试样，则由于物质的旋光作用，使原来由起偏镜出来的偏振光转过了一个角度 α，由于沿 OA 和 OP 方向振动的偏振光都被转过一个角度 α，必须将检偏镜也相应地转过一个角度 α，才能使三分视野重新消失，这个角度 α 即为被测物质的旋光度。

由于人的视觉在很暗和很亮视野下对明暗的均匀与不均匀都不敏感，需借助于图 10-2(b) 和 (c) 所示的两个相反的三分视野找到图 10-2(d) 所示的均匀暗场作为零视场。由于半暗角很小，由 (b)→(d)→(c) 范围很窄，易于找到 (d)，但由 (b)→(e)→(c) 范围很大，三分视野消失且整个视野很亮 [如图 10-2(e) 所示] 的视野状态并不利于判断三分视野是否消失，因此不能以这样的位置作为标准来测量旋光度。

WXG-4 型旋光仪的使用方法如下：

① 接通电源，开启钠光灯，约 5min 后，调节目镜焦距，使三分视野清晰。

② 仪器零点校正。在样品管中装满去离子水（无气泡），调节检偏镜，使三分视野消失，记下角度值，即为仪器零点，用于校正系统误差。

③ 测定旋光度。在样品管中装入试样，调节检偏镜，使三分视野消失，读取角度值，将其减去（或加上）零点值，即为被测物质的旋光度。

④ 测量完毕后，关闭电源，将样品管取出洗净擦干放入盒内。

实验十一

乙酸甲酯水解反应速率常数的测定

一、实验目的

1. 了解化学分析法测定化学反应速率常数的原理和方法。
2. 测定乙酸甲酯水解反应的速率常数及计算活化能。

二、实验原理

乙酸甲酯水解反应按下式进行

$$CH_3COOCH_3(A) + H_2O \xrightarrow{H^+} CH_3COOH + CH_3OH$$

$$-\frac{dc_A}{dt} = k' c_{H^+} c_{H_2O} c_A \tag{11-1}$$

式中，k' 为反应的速率常数；c_{H^+}、c_{H_2O}、c_A 分别为 H^+、H_2O、CH_3COOCH_3 的浓度。

反应时酸过量很多，且水是大量存在的，因此该反应的速率方程可表示为

$$-\frac{dc_A}{dt} = kc_A \tag{11-2}$$

$$\ln c_A = -kt + \ln c_{A,0} \tag{11-3}$$

式中，$k = k' c_{H^+} c_{H_2O}$；$c_{A,0}$ 为 CH_3COOCH_3 的初始浓度。

测定反应过程中乙酸甲酯的浓度随时间的变化，作 $\ln c_A$-t 图得一直线，由直线的斜率可求出乙酸甲酯水解反应的速率常数 k。

乙酸甲酯的浓度不能直接以化学分析法测定。但根据水解反应计量方程式可知，每生成 1mol 甲酸必消耗 1mol 乙酸甲酯，而且催化剂 HCl 在整个反应过程中浓度不变，因此 t 时刻乙酸甲酯的浓度可变换如下

$$[CH_3COOCH_3]_t = [CH_3COOCH_3]_0 - [CH_3COOH]_t$$
$$= [CH_3COOH]_\infty - [CH_3COOH]_t$$
$$= \{[H^+(溶液)]_\infty - [HCl]\} - \{[H^+(溶液)]_t - [HCl]\}$$
$$= [H^+(溶液)]_\infty - [H^+(溶液)]_t$$
$$= \frac{V_\infty c}{V_{溶液}} - \frac{V_t c}{V_{溶液}}$$
$$= \frac{c(V_\infty - V_t)}{V_{溶液}} \tag{11-4}$$

式中，$[CH_3COOCH_3]_0$、$[CH_3COOCH_3]_t$ 及 $[CH_3COOH]_\infty$ 分别为乙酸甲酯在反应开始、某时刻 t 及完全水解时的浓度；V_t、V_∞ 分别为时刻 t、完全水解时滴定 NaOH 溶液所消耗的体积；c 为 NaOH 的浓度；$V_{溶液}$ 为所取反应溶液的体积。

将式(11-4)代入式(11-3)，得

$$\ln \frac{c(V_\infty - V_t)}{V_{溶液}} = -kt + \ln c_{A,0} \tag{11-5}$$

即

$$\ln(V_\infty - V_t) = -kt + \ln \frac{c_{A,0} V_{溶液}}{c} \tag{11-6}$$

用化学分析法测定不同时刻 t 对应的 V_t 以及 V_∞，以 $\ln(V_\infty - V_t)$ 对 t 作图，得一直线，由直线斜率可求出该反应的速率常数 k。

若测得两个不同温度 T_1、T_2 下反应速率常数的值 k，则可根据 Arrhenius 公式计算反应的活化能 E_a。

$$E_a = \left(\ln \frac{k_2}{k_1}\right) \times \frac{RT_2 T_1}{T_2 - T_1} \tag{11-7}$$

三、仪器与试剂

恒温水浴	1套	玻璃水槽（2000mL）	1个	秒表	1块
锥形瓶（250mL）	5只	碘量瓶（250mL）	2只	碘量瓶（100mL）	1只
量筒（100mL）	1个	量杯（50mL）	1个	碱式滴定管	1支
移液管（5mL）	2支	CH_3COOCH_3（化学纯）		酚酞指示剂	
0.2000mol·L^{-1} NaOH 溶液		1.00mol·L^{-1} HCl 溶液		冰块	适量

四、实验步骤

1. 调节恒温水浴至指定温度，将两个 250mL 及 100mL 碘量瓶于气流烘干器上烘干。
2. 在玻璃水槽中放入适量的自来水和冰块。洗净五个锥形瓶，并分别在其中放入 50mL 去离子水及 1~2 滴酚酞后放入玻璃水槽中冷却。
3. 取一只已烘干的 250mL 碘量瓶，在其中加入 100mL 1.00mol·L^{-1} HCl；在已烘干的 100mL 碘量瓶中加入 10mL CH_3COOCH_3 试剂，再分别放入恒温槽中，恒温 10min。
4. 用移液管吸取 5.00mL 已恒温的 CH_3COOCH_3，放入盛有 HCl 的碘量瓶中，放入一

半时按下秒表,作为反应的开始,CH_3COOCH_3 加入完毕后,摇匀反应液。

5. 在反应开始的第 5min 左右,用移液管吸取 5.00mL 反应液放入已加入 50mL 去离子水并已冷却的锥形瓶中,反应液放出一半时看秒表,记录准确的时间作为反应停止的时间。立刻用 $0.2000mol·L^{-1}$ NaOH 滴定,记录滴定体积 V_t。然后在反应开始的第 10min、15min、20min、30min、40min、60min 左右,用同样的方法测定 NaOH 的滴定体积 V_t。

6. 将剩余的反应液放在温度为 50℃ 左右的恒温槽中恒温 30min 后,取 5.00mL 反应液放入盛有 50mL 去离子水并已冷却的锥形瓶中,用 $0.200mol·L^{-1}$ NaOH 滴定,记录 V_∞。

7. 调节恒温槽至另一温度,重复上述实验过程。

五、注意事项

1. 反应停止的时间记录要准确。
2. NaOH 滴定反应液时,锥形瓶要始终放在玻璃水槽中,保持冷却的状态。

六、实验原始数据记录

室温:_____ 大气压:_____ 实验温度:_____

t/min				...	∞
V_t/mL				...	

七、实验数据处理

1. 计算不同时刻 t 对应的 $\ln(V_\infty-V_t)$,填于下表中。

t/min				...
$\ln(V_\infty-V_t)$				...

作 $\ln(V_\infty-V_t)$-t 图,并求 k。

2. 由两个实验温度下所计算的反应速率常数,根据 Arrhenius 公式计算该反应的活化能。

八、思考题

1. 反应液滴定前,在锥形瓶里加入的 50mL 去离子水的作用是什么?为什么在滴定前以及整个滴定过程中需将锥形瓶放在冰浴中冷却?
2. 以本实验为例,简述化学分析法测定反应速率常数的特点,并讨论物理法和化学分析法测定反应速率常数的优缺点。

附

实验数据处理及 $\ln(V_\infty-V_t)$-t 曲线的拟合方法

(1) 在 Excel 工作表的相邻两列中输入反应时间"t/min"和对应 NaOH 体积值"V_t",在相邻的第三列输入公式"=ln([V_∞值]−[V_t值单元格地址])",计算相应的 $\ln(V_\infty-V_t)$ 数值。

(2) 按下【Ctrl】键的同时用鼠标选择"t/min"和"$\ln(V_\infty-V_t)$"数据单元格区域后,单击工具栏上的图表向导按钮,在"图表向导-4步骤之1-图表类型"中选择图表类型为"XY 散点图"的"散点图"子类型，作出 $\ln(V_\infty - V_t)$-t 散点图。

(3) 用鼠标选择散点图上的任意一个数据点，单击鼠标右键，选择所弹出菜单里的【添加趋势线】命令。在出现的"添加趋势线"对话框里，在"类型"标签下选择趋势线类型为"直线"；在"选项"的标签下选择"显示公式"和"显示 R 平方值"，单击"确定"，即可完成实验数据的直线拟合，同时得到拟合方程。

实验十二

乙酸乙酯皂化反应速率常数的测定

一、实验目的

1. 理解用电导法测定反应速率常数的实验原理。
2. 学会使用电导率仪。
3. 掌握用图解法求反应速率常数的方法。

二、实验原理

乙酸乙酯皂化反应是一典型的双分子基元反应，其方程式如下：

$$CH_3COOC_2H_5 + NaOH \longrightarrow CH_3COONa + C_2H_5OH$$

若反应物 $CH_3COOC_2H_5$ 和 NaOH 的起始浓度比与其计量系数比相等，则其反应速率方程的积分形式为

$$\frac{1}{a-x} = \frac{1}{a} + kt \tag{12-1}$$

式中，a 为反应物的起始浓度；$a-x$ 为反应到时刻 t 时反应物的浓度；k 为反应速率常数。

随皂化反应的进行，溶液中电导率大的 OH^- 逐渐被电导率小的 CH_3COO^- 所取代，溶液电导率不断减小，因此，可用测定溶液电导率的方法跟踪反应物浓度随时间的变化，从而求算该反应的速率常数 k。

若开始反应系统中只有反应物，且反应物的起始浓度很小，令 κ_0、κ_t 和 κ_∞ 分别表示反应时间为 0、t 和 ∞（即反应完全）时溶液的电导率，依据强电解质的电导率在浓度低时与其浓度成正比，非电解质的电导率可忽略不计，可得：

$$\kappa_0 = k_1 a, \quad \kappa_t = k_1(a-x) + k_2 x, \quad \kappa_\infty = k_2 a \tag{12-2}$$

由式(12-2)可以得到浓度与电导率的关系如下：

$$\frac{a}{a-x} = \frac{\kappa_0 - \kappa_\infty}{\kappa_t - \kappa_\infty} \tag{12-3}$$

将式(12-3)代入式(12-1)，整理后可得：

$$\kappa_t = \frac{1}{ak} \times \frac{\kappa_0 - \kappa_t}{t} + \kappa_\infty \tag{12-4}$$

从式(12-4)可以看出，以 κ_t 对 $\dfrac{\kappa_0-\kappa_t}{t}$ 作图为一直线，由其斜率 $\dfrac{1}{ak}$ 可求出 k。通过测定不同温度下的 k，可根据 Arrhenius 公式求出该反应的活化能 E_a，即

$$E_a = \ln\dfrac{k_{T_2}}{k_{T_1}} \times \dfrac{RT_2T_1}{T_2-T_1} \tag{12-5}$$

三、仪器与试剂

DDSJ-308A 型电导率仪	1台	电导池	1个
恒温水浴	1套	秒表	1只
碘量瓶（100mL）	1只	羊角管	2只
锥形瓶（100mL）	2个	碱式滴定管（50mL）	1支
容量瓶（100mL）	1只	移液管（10mL、20mL）	各2支
移液管（1mL）	1支	NaOH 溶液（约 0.02mol·L^{-1}）	

乙酸乙酯（化学纯）　　草酸（基准试剂）　　酚酞指示剂

四、实验步骤

1. 将两只羊角管和一只碘量瓶洗净，放在气流烘干器上烘干。

2. 调节恒温槽的温度为 25℃ 或 35℃，打开电导率仪电源开关，预热仪器并设定电导电极的电极常数。

3. 计算标定约 0.02mol·L^{-1} NaOH 溶液所需的草酸质量，准确称取两份草酸放入两个锥形瓶中，用去离子水溶解后标定 NaOH 溶液的浓度。

4. 用容量瓶配制与 NaOH 溶液相同浓度的乙酸乙酯溶液 100mL，所需物性数据见所附文献值。

5. κ_t 的测量

在两只羊角管的两个支管中分别小心移入 8.00mL NaOH 溶液和 8.00mL 乙酸乙酯溶液（注意：不可混合）。在恒温槽中恒温 10min 后，取出羊角管并左右摇动使两种溶液混匀，混合的同时按下秒表作为反应的起始时间（即 0 时刻）。迅速将其中一只羊角管放回恒温槽中，用另一只羊角管的反应液分三次在电极管中荡洗电导电极，再将电导电极插入位于恒温槽中的羊角管内。按下列时间顺序记录反应体系在不同时刻 t 时的电导率 κ_t。

　　25℃　6min、9min、12min、15min、20min、25min、30min、35min、40min
或　35℃　6min、8min、10min、12min、15min、18min、21min、24min、30min

6. κ_0 的测量

在已烘干的碘量瓶中，用移液管分别移入 20.0mL NaOH 溶液和 20.00mL 去离子水，混匀后用该溶液荡洗电导电极三次。再在电极管中放入适量稀释了的 NaOH 溶液（即碘量瓶中的溶液），插入电导电极，在恒温槽中恒温 10min 后，测定该溶液的电导率（即 κ_0）。然后弃去电极管中的溶液，用碘量瓶中的剩余溶液同上法重复测定 κ_0 一次。

五、注意事项

1. 实验所用的溶液浓度必须准确相等，故应临时标定 NaOH 溶液的浓度，并配制新鲜的乙酸乙酯溶液。

2. 反应前羊角管中的两种反应溶液不可混合。混合反应体系时应快速、多次左右摇动

羊角管，确保反应体系混合均匀。

3. 实验过程中恒温槽温度要控制好，其温度波动必须在±0.1K以内。

4. κ_t 和 κ_0 测量前，电导电极和电极管需用去离子水和待测溶液荡洗。不可用滤纸擦拭电导电极上的铂黑。

5. 实验完毕后，电导电极用去离子水洗净后，再用去离子水浸泡。

六、实验原始数据记录

室温：_____   大气压：_____   实验温度：_____

$c_{\text{NaOH}}(\text{mol}\cdot\text{L}^{-1})=$_____ $\rho_{\text{CH}_3\text{COOC}_2\text{H}_5}(\text{g}\cdot\text{cm}^{-3})=$_____ $V_{\text{CH}_3\text{COOC}_2\text{H}_5}(\text{mL})=$_____

$T=25℃$ 时

t/min	6	9	12	…	40
$\kappa_t/\mu\text{S}\cdot\text{cm}^{-1}$					

$\kappa_0(1)/\mu\text{S}\cdot\text{cm}^{-1}=$_____ $\kappa_0(2)/\mu\text{S}\cdot\text{cm}^{-1}=$_____

或 $T=35℃$ 时

t/min	6	8	10	…	30
$\kappa_t/\mu\text{S}\cdot\text{cm}^{-1}$					

$\kappa_0(1)/\mu\text{S}\cdot\text{cm}^{-1}=$_____ $\kappa_0(2)/\mu\text{S}\cdot\text{cm}^{-1}=$_____

七、实验数据处理

1. 计算 $\dfrac{\kappa_0-\kappa_t}{t}$ 的数值，并填入下表中。

$T=298.15\text{K}$ 时

t/min	6	9	12	…	40
$\kappa_t/\mu\text{S}\cdot\text{cm}^{-1}$					
$\dfrac{\kappa_0-\kappa_t}{t}/\mu\text{S}\cdot\text{cm}^{-1}\cdot\text{min}^{-1}$					

或 $T=308.15\text{K}$ 时，同上表。

2. 以 κ_t 对 $\dfrac{\kappa_0-\kappa_t}{t}$ 作图，由直线斜率计算反应的速率常数 k，并与文献值比较，计算相对误差。

3. 由 298.15K 和 308.15K 所求出的速率常数 k，根据 Arrhenius 公式计算该反应的活化能。

八、思考题

1. 如果 NaOH 和 $\text{CH}_3\text{COOC}_2\text{H}_5$ 溶液的起始浓度不相等，试推导其速率方程的积分形式。

2. 如果 NaOH 和 $\text{CH}_3\text{COOC}_2\text{H}_5$ 溶液为浓溶液，能否用此法求算速率常数 k？为什么？

3. 为何本实验要在恒温条件下进行？而且为何 NaOH 和 $\text{CH}_3\text{COOC}_2\text{H}_5$ 溶液混合前还

要预先恒温？

九、文献值

1. 0~40℃ 乙酸乙酯的密度与温度的关系

$$\rho_t/\text{g}\cdot\text{cm}^{-3}=0.92454-1.168\times10^{-3}t/℃-1.95\times10^{-6}(t/℃)^2$$

2. 不同温度下乙酸乙酯皂化反应速率常数与温度的关系

$$\lg k/\text{L}\cdot\text{mol}^{-1}\cdot\text{min}^{-1}=-\frac{1780}{T/\text{K}}+0.00754T/\text{K}+4.53$$

摘自：顾良证，武传昌等编. 物理化学实验. 南京：江苏科学技术出版社，1986.75.

附

1. 实验数据的处理及 κ_t-$\frac{\kappa_0-\kappa_t}{t}$ 曲线的拟合方法

（1）在 Excel 工作表的相邻两列中输入反应时间"t/min"和对应电导率值"$\kappa_t/\mu\text{S}\cdot\text{cm}^{-1}$"，在相邻的第三列输入公式"=ROUND(([$\kappa_0$ 值]－[κ_t 值单元格地址])/[t 值单元格地址]，4)"，计算相应的 $\frac{\kappa_0-\kappa_t}{t}$ 数值，输入公式时可使用填充柄。

（2）用鼠标单击工具栏上的图表向导按钮，在"图表向导—4 步骤之 1—图表类型"中选择图表类型为"XY 散点图"的"散点图"子类型，单击下一步。在"图表向导—4 步骤之 2—图表源数据"的系列标签下单击"添加"按钮，新添加一个数据系列。分别单击"X 值（X）""Y 值（Y）"文本框右边的图标，用鼠标选择"$\frac{\kappa_0-\kappa_t}{t}$""$\kappa_t$"的数据单元格区域，即可作出 κ_t-$\frac{\kappa_0-\kappa_t}{t}$ 散点图。

（3）用鼠标选择散点图上的任意一个数据点，单击鼠标右键，选择所弹出菜单中的【添加趋势线】命令。在出现的"添加趋势线"对话框里，在"类型"标签下选择趋势线类型为"线性"；在"选项"的标签下选择"显示公式"和"显示 R 平方值"，单击"确定"，即可完成实验数据的线性拟合，同时得到拟合方程。

2. DDSJ-308A 型电导率仪简介

DDSJ-308A 型电导率仪是一种智能性的实验室常规分析仪器，适用于精确测定水溶液的电导率和温度、总溶解固态量（TDS）及温度，也可用于测量纯水的纯度与温度，以及海水与海水淡化处理中含盐量的测定。该仪器采用微处理器技术，具有自动温度补偿、自动校准及自动切换等功能。

仪器前面板键盘上有 15 个功能键，如图 12-1 所示：

ON/OFF 键	用于仪器的开机或关机；
模式键	用于电导率、TDS 及盐度测量工作状态之间的转换；
▲键、▼键	上行、下行键，用于调节参数；
电极常数键	用于设置电极常数；
标定键	用于标定电极常数；
确认键	用于确认当前的操作状态以及操作数据；
取消键	用于从设置状态返回到测量状态；

保持键　　　　　　　用于锁定本次测量数据；
温补系数键　　　　　用于设置温度补偿系数。

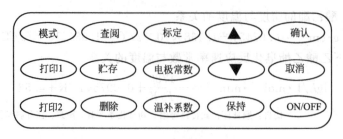

图 12-1　仪器前面板键盘图

仪器后面板（如图 12-2 所示）上，从左至右安装有电源插座、测量电极插座、温度传感器插座等。

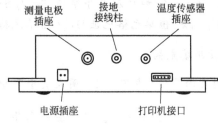

图 12-2　仪器后面板图

DDSJ-308A 型电导率仪的使用方法

（1）测量

① 将电源插头插入仪器插座，电导电极插头的豁口对准仪器测量电极插座的豁口后插上。分别用去离子水和待测液冲洗电导电极和电极管。在电极管中放入适量待测液后，将电导电极浸入被测溶液中。

② 接上电源，仪器先显示仪器型号 DDSJ-308A，然后直接进入测量状态，如图 12-3 所示。显示屏右下角显示工作模式，重复按下"模式"键可在电导率、TDS 及盐度三种测量模式间转换。

如果在仪器上接入了温度传感器，则显示屏所显示的数据为所测溶液经仪器自动按设定的温度系数将测定原始值补偿到 25℃时的数值；若未接入温度传感器，则显示待测溶液未经温度补偿的测定原始值。

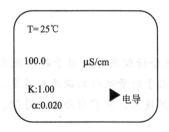

图 12-3　电导率测定状态窗口示意图

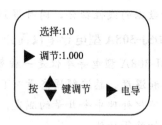

图 12-4　电极常数设置窗口示意图

（2）设置电极常数 K_{cell}

在电导率测量状态下，按下"电极常数"键，显示屏如图 12-4 所示。其中"选择"指选择电极常数挡（本仪器设计有五种电极常数挡：0.01、0.1、1.0、5.0、10.0）；"调节"指调节当前挡下的电极常数。重复按下"电极常数"键，仪器将在"选择""调节"两个功能之间转换。当"▶"指向"选择"或"调节"功能时，可用▲或▼键调节电极常数的挡或在已设定的电极常数挡下的电极常数值。设定完毕后，按下确认键，仪器进入测量状态。

实验十三
丙酮碘化反应速率常数的测定

一、实验目的
1. 测定酸催化时丙酮碘化反应的速率常数及计算活化能。
2. 掌握分光光度计的正确使用方法。

二、实验原理
丙酮在酸催化作用下发生如下碘化反应

$$CH_3-\underset{\underset{O}{\|}}{C}-CH_3(A) + I_2 \xrightarrow{H^+} CH_3-\underset{\underset{O}{\|}}{C}-CH_2I(E) + H^+ + I^-$$

由于丙酮碘化反应本身生成 H^+，所以该反应是自催化反应。实验证明丙酮碘化反应是一个复杂反应，一般认为可分两步进行

$$CH_3-\underset{\underset{O}{\|}}{C}-CH_3 \underset{}{\overset{H^+}{\rightleftharpoons}} CH_3-\underset{\underset{OH}{|}}{C}=CH_2 \tag{13-1}$$

$$CH_3-\underset{\underset{OH}{|}}{C}=CH_2 + I_2 \longrightarrow CH_3-\underset{\underset{O}{\|}}{C}-CH_2I(E) + H^+ + I^- \tag{13-2}$$

CH_3COCH_3 反应式(13-1)是丙酮的烯醇化反应，是一个进行得很慢的可逆反应；反应式(13-2)是烯醇的碘化反应，是一个快速且能进行到底的反应。因此丙酮碘化反应的总反应速率是由反应式(13-1)即丙酮的烯醇化反应所决定的。同时 $\dfrac{dc_E}{dt} = -\dfrac{dc_{I_2}}{dt}$，因此该反应的动力学方程为

$$\frac{dc_E}{dt} = -\frac{dc_{I_2}}{dt} = kc_A c_{H^+} \tag{13-3}$$

式中，c_E 为碘化丙酮的浓度；c_A 为丙酮的浓度；c_{H^+} 为氢离子的浓度；c_{I_2} 为碘的浓度；k 为丙酮碘化反应的速率常数。

如果反应过程中，碘的浓度较小，而丙酮和酸的浓度过量，则在反应进行的过程中丙酮和酸的浓度变化很小，可近似看作常数，则将式(13-3)积分后得

$$c_{I_2} = kc_A c_{H^+} t + C \tag{13-4}$$

式中，C 为积分常数。

因此如果测得反应过程中不同时刻 t 时碘的浓度，便可由反应式(13-4)计算丙酮碘化反应的速率常数 k。

由于碘在可见光区有一个比较宽的吸收带，所以反应过程中不同时刻 t 时碘的浓度可以由分光光度计测定。

按朗伯-比耳定律

$$A = \lg\left(\frac{I_0}{I}\right)$$

式中，A 为某指定波长下反应系统的吸光度；I 为通过碘溶液后的光强度；I_0 为通过去离子水后的光强度。而且吸光度 A 与碘溶液浓度 c_{I_2} 之间的关系为

$$A = alc_{I_2} \tag{13-5}$$

式中，a 为吸光系数；l 为比色皿光径长度。

将式(13-4) 代入式(13-5) 得

$$A = kalc_A c_{H^+} t + C \tag{13-6}$$

测定不同时刻 t 时反应系统的吸光度 A，以 A 对 t 作图得一直线，其斜率为 β，则

$$k = \frac{\beta}{alc_A c_{H^+}} \tag{13-7}$$

由于反应物丙酮和酸的浓度是已知的；al 可以通过测定一已知浓度的碘溶液的吸光度代入式(13-5) 求得，所以可由式(13-7) 计算丙酮碘化反应的速率常数 k。

测定不同温度下的 k，可根据 Arrhenius 公式，求出该反应的活化能 E_a，即：

$$E_a = \ln \frac{k_{T_2}}{k_{T_1}} \times \frac{RT_1 T_2}{T_2 - T_1} \tag{13-8}$$

三、仪器与试剂

722N 型分光光度计	1 台	恒温水浴（带恒温夹套）	1 套
秒表	1 只	容量瓶（50mL）	3 只
碘量瓶（50mL）	1 只	移液管（5mL）	3 支
2mol·L^{-1}丙酮标准溶液	1mol·L^{-1} HCl 标准溶液	0.01mol·L^{-1}碘溶液	

四、实验步骤

1. 分光光度计预热 30min，调节其波长为 565nm。恒温槽恒温（25±0.1）℃。

2. 在碘量瓶中装入去离子水；在第一个 50mL 容量瓶中移入 0.01mol·L^{-1}碘溶液 5mL，用去离子水稀释至刻度；在第二个 50mL 容量瓶中分别移入 0.01mol·L^{-1}碘溶液和 1mol·L^{-1} HCl 溶液各 5mL；在第三个 50mL 容量瓶中移入 2mol·L^{-1}丙酮溶液 5mL，并加入少量去离子水。然后将碘量瓶和三个容量瓶放入恒温槽中恒温 10min。

3. 取出仅装有碘溶液的容量瓶，用少量碘溶液洗涤比色皿三次后注满碘溶液，测定该碘溶液的吸光度。共测三次，取平均值由式(13-5) 计算 al 值。

4. 将已恒温的丙酮溶液倒入已恒温的盛有碘、HCl 混合溶液的容量瓶中，并用已恒温的去离子水洗涤盛有丙酮溶液的容量瓶 3 次，洗涤液均倒入盛有反应系统的容量瓶中，最后用去离子水稀释至刻度。用少量反应系统的溶液洗涤比色皿三次后注满反应液，开启秒表并将此比色皿置于光路中测定其吸光度。以后每隔 2min 读取一次吸光度，记录 12~14 个吸光度数据。

5. 将恒温槽的温度调至（30±0.1）℃，重复上述测量。注意由于温度升高使反应速率加快，应每隔 1min 或 30s 读取数据一次。

五、注意事项

1. 碘液见光分解，在溶液配制及测量时应迅速操作。

2. 混合反应溶液时应迅速准确。

3. 正确使用分光光度计,保护比色皿。

六、实验原始数据记录

室温:_____   大气压:_____   实验温度:_____

$c_{I_2} = 0.002 \text{mol} \cdot \text{L}^{-1}$

序号	1	2	3
A			

t/min	2	4	6	8	…
A_t					

七、实验数据处理

1. 由 $c_{I_2} = 0.002 \text{mol} \cdot \text{L}^{-1}$ 碘溶液测定的吸光度值计算 al 的数值。

$\overline{A}$ =_____ al =_____

2. 作 A_t-t 线性图,由直线斜率计算反应的速率常数 k,计算相对误差。

3. 由 298.15K 和 303.15K 所求出的速率常数 k 值,根据 Arrhenius 公式计算该反应的活化能。

八、思考题

1. 在本实验中,将丙酮溶液加入含有碘、盐酸的容量瓶时并不立即计时,而在将反应系统溶液注入比色皿时才开始计时,这样做是否可以?为什么?

2. 如果碘化反应的产物对光也有明显的吸收,这时应如何处理实验数据?

3. 为何本实验要在恒温条件下进行,而且丙酮溶液和碘、盐酸混合液混合前还要预先恒温?

九、文献值

丙酮碘化反应的速率常数与温度的关系

t/℃	0	25	27	35
$k/10^{-5} \text{L} \cdot \text{mol}^{-1} \cdot \text{s}^{-1}$	0.115	2.86	3.60	8.80

丙酮碘化反应的活化能为:$E_a = 86.2 \text{kJ} \cdot \text{mol}^{-1}$。

摘自:Thon N. Tables of Chemical Kinetics, Homogeneous Reactions. NBS Circular 510. U. S. Governmen Printiong Office, 1951, 304.

附

1. 722N 型分光光度计简介

722N 型分光光度计是理化实验室常规分析仪器,能在近紫外、可见光谱区域对样品作定性分析和定量分析。

仪器面板上有四个键盘键,如图 13-1 所示。

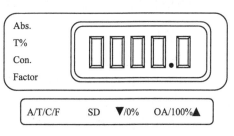

图 13-1 仪器面板示意图

A/T/C/F 键	按此键可在 A、T、C、F 之间进行切换； A：吸光度；T：透射比；C：浓度；F：斜率（通过按键输入）。
SD 键	（1）用于 RS232 串行口和计算机传输数据。 （2）当处于 F 状态时，具有确认的功能。即确认当前的 F 值并自动转到 C，计算当前的 C 值（C=F×A）。
▼/0%键	（1）调零：当处于 A、T 状态时，关闭样品室盖，按键后应显示 000.0、100.0。 （2）上升键：当处于 F 状态时，按键后 F 值会自动加 1，并在 0～1999 间变化。
OA/100%▲键	（1）调零：当处于 T 状态时，打开样品室盖，按键后应显示 000.0。 （2）下降键：当处于 F 状态时，按键后 F 值会自动减 1，并在 0～1999 间变化。

2. 722N 型分光光度计的使用方法

（1）连通电源，开机预热 30min。

（2）将波长调节旋钮调至所需波长。

（3）通过按 A/T/C/F 键到 T 状态，打开样品室盖，按▼/0%键至 T 为 000.0；关上样品室盖，将参比溶液置于光路，按 OA/0%▲键至 T 为 100.0。重复此操作，直至仪器显示稳定。

（4）在仪器稳定显示 T 为 100.0 时，将通过按 A/T/C/F 键到 A 状态，此时数字显示为 0.000，将被测溶液置于光路，读出吸光度 A 值。

（5）测量过程中，应常进行操作（3），以校正透射比为 000.0 和 100.0。每次改变波长时，都应重新校正透射比 000.0 和 100.0。

（6）仪器使用完毕后，关闭电源，取出比色皿洗净并用擦镜纸拭净放入比色皿盒中。复原仪器并盖上防尘罩。

实验十四

沉降分析

一、实验目的

1. 掌握沉降分析法的测定原理和扭力天平的使用方法。
2. 用沉降分析法测定碳酸钙粉末的粒度分布曲线。

二、实验原理

大量不同尺寸的固体颗粒的集合体称为粉体，颗粒的大小称为颗粒的粒度，粉体在不同粒径范围内所占的比例称为粒度分布。颗粒的粒度、粒度分布是粉体重要的物性特征指数，对粉末及其制品的性质、质量和用途有着显著影响，因此通过实验测定粉体颗粒的粒度及其粒度分布，在生产实践中有着广泛的应用。

粒度测定方法主要有筛析法、显微镜法、沉降法、电感应法以及光散射法等，本实验将采用沉降分析法通过测定碳酸钙粉末的沉降速率来计算相应的粒子半径,并得到有关物质不同半径粒子在不同时刻 t 时的沉降量随时间变化的关系曲线——沉降曲线,从而得到其粒度分布曲线。

沉降分析是根据物质颗粒在介质中的沉降速率来测定颗粒大小的一种方法。其测量原理基于斯托克斯(Stokes)的力平衡原理:设一半径为 r 的球形颗粒处于悬浮体系中,并且完全被液体润湿;颗粒在悬浮体系中的沉降速度是缓慢而恒定的,达到恒定速度所需时间很短;颗粒在悬浮体系中的布朗运动不会干扰其沉降速度;颗粒间的相互作用不影响沉降过程。当该颗粒本身重力、所受浮力和黏滞阻力三者达到平衡时,颗粒在悬浮体系中以恒定速度沉降,沉降速度与粒度大小的平方成正比。

粒子在介质中所受重力 f_1 为

$$f_1 = \frac{4}{3}\pi r^3 \rho g \tag{14-1}$$

粒子在介质中所受浮力 f_2 为

$$f_2 = \frac{4}{3}\pi r^3 \rho_0 g \tag{14-2}$$

式中,ρ_0、ρ 分别为介质和粒子的密度,$kg \cdot m^{-3}$;r 为粒子半径,m;g 为重力加速度,$m \cdot s^{-2}$。

根据 Stokes 定律,粒子所受的摩擦阻力为

$$f_3 = 6\pi \eta r v \tag{14-3}$$

式中,η 为介质黏度,$Pa \cdot s$;v 为粒子下沉速度,$m \cdot s^{-1}$。

当 f_1、f_2、f_3 平衡时,粒子匀速下沉,有

$$6\pi \eta r v = \frac{4}{3}\pi r^3 (\rho - \rho_0) g \tag{14-4}$$

则

$$r = \sqrt{\frac{9\eta v}{2g(\rho - \rho_0)}} = K'\sqrt{v} \tag{14-5}$$

即当介质黏度、介质和粒子的密度一定时测定粒子沉降速率就可以求得粒子的半径。

粉体颗粒的粒度分布曲线是粒度分布函数 $F(r)$ 与粒子半径 r 之间函数关系的图示表达。根据粒度分布函数 $F(r)$ 的定义,有

$$F(r) = -\frac{1}{G_\infty} \times \frac{dm}{dr} = -\frac{1}{G_\infty} \times \lim_{\Delta r \to 0} \frac{\Delta m}{\Delta r} \tag{14-6}$$

式中,m 表示粒径达到和超过某一定值 r 的粉体颗粒的沉降量;G_∞ 表示沉降完毕后沉降于托盘上粉体颗粒的质量;r 表示粉体的颗粒半径;Δm 为粒径在 Δr 范围内粉体颗粒的沉降量。

粒度分布曲线可通过沉降曲线的数学处理而得到。沉降曲线是粒子在沉降过程中不同时刻 t 时的沉降量 G 随 t 变化的关系曲线,本实验中沉降量 G 通过扭力天平对从介质中落到其托盘上的颗粒质量进行称量而得到。

绘制粒度分布曲线有两种方法:图解法和解析法。本实验采用解析法对沉降曲线进行数学处理。

设有一粉体系统由半径分别为 r_1、r_2($r_1 > r_2$)的颗粒所组成,沉降前颗粒均匀地分布在介质中,沉降速率分别为 v_1、v_2,则沉降曲线如图 14-1 所示。

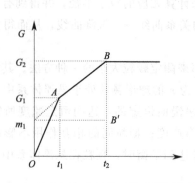
图 14-1　只含两种半径粒子体系的沉降曲线

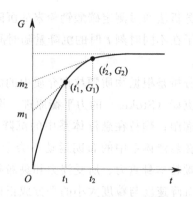
图 14-2　实际体系的沉降曲线

图中，OA 段代表两种粒子同时沉降的线段，到 t_1 时，所有半径为 r_1 的粒子全部沉降完毕，只剩半径为 r_2 的粒子发生沉降，沉降曲线发生转折，到 t_2 时，两种颗粒均已沉降完毕，总沉降量为 G_2。延长 $\overline{AB}$ 至纵坐标的交点为 m_1，则半径为 r_2 的粒子的沉降量 $m_2 = \dfrac{\overline{BB'}}{\overline{m_1 B'}} \times t_2$，半径为 r_1 的粒子的沉降量 $m_1 = G_2 - m_2$。

实际上，颗粒的半径分布是连续的，其沉降曲线一般如图 14-2 所示。在 $G\text{-}t$ 曲线上作不同时刻 t 对应的各点的切线外延至 y 轴，可求出不同时刻 t 对应的粒子的沉降量。如果从图 14-2 中任选一点 (t, G)，该点的切线与纵轴的交点为 m，则有

$$m = G - t \dfrac{\mathrm{d}G}{\mathrm{d}t} \tag{14-7}$$

由粒度分布函数的定义，有

$$F(r) = -\dfrac{1}{G_\infty} \dfrac{\mathrm{d}m}{\mathrm{d}r} = -\dfrac{1}{G_\infty} \times \dfrac{\mathrm{d}t}{\mathrm{d}r} \times \dfrac{\mathrm{d}m}{\mathrm{d}t}$$

$$= -\dfrac{1}{G_\infty} \times \dfrac{\mathrm{d}t}{\mathrm{d}r} \times \left(\dfrac{\mathrm{d}G}{\mathrm{d}t} - \dfrac{\mathrm{d}G}{\mathrm{d}t} - t \dfrac{\mathrm{d}^2 G}{\mathrm{d}t^2} \right) = \dfrac{t}{G_\infty} \times \dfrac{\mathrm{d}t}{\mathrm{d}r} \times \dfrac{\mathrm{d}^2 G}{\mathrm{d}t^2} \tag{14-8}$$

若托盘至液面之间的距离即粒子的沉降高度为 h，同时考虑到由于颗粒在介质中匀速下沉，其速率 $v = \dfrac{h}{t}$，代入式(14-5)，得

$$r = K' \sqrt{v} = K' \sqrt{\dfrac{h}{t}} = \dfrac{K}{\sqrt{t}} \tag{14-9}$$

式中，$K = \sqrt{\dfrac{9 \eta h}{2 g (\rho - \rho_0)}}$。

对式(14-9) 以 t 对 r 求导，则有

$$\dfrac{\mathrm{d}t}{\mathrm{d}r} = -\dfrac{2K^2}{r^3} = -\dfrac{2t}{r} \tag{14-10}$$

将式(14-10) 代入式(14-8)，得粒度分布函数

$$F(r) = -\dfrac{2t^2}{r} \times \dfrac{1}{G_\infty} \times \dfrac{\mathrm{d}^2 G}{\mathrm{d}t^2} \tag{14-11}$$

设描述沉降曲线的函数模型方程为

$$G_t = G_\infty [1 - \exp(-at^b)] \tag{14-12}$$

式中，a、b 为待定参数。

通过实验测定 G-t 关系数据并通过拟合待定参数 a、b 得到 G-t 函数关系式，对 $G = f(t)$ 求取二阶导数并代入式(14-11)，即可求取粒度分布函数 $F(r)$；

$$F(r) = \frac{2abt^b(abt^b - b + 1)\exp(-at^b)}{r} \tag{14-13}$$

以 $F(r)$ 对 r 作图得有关物质不同半径粒子相对量的分布——粒度分布曲线。

三、仪器与试剂

JN-A-500 扭力天平（0～500mg）　　　1 台　　秒表、沉降筒、沉降托盘　各 1 个
10mL 量筒、50mL 烧杯、500mL 烧杯　各 1 个
表面皿、药匙、研钵、直尺、滴管、托盘天平(10g)
焦磷酸钠　碳酸钙粉末

四、实验步骤

1. 准备工作：在 50mL 小烧杯中配 5% 焦磷酸钠溶液 6mL。

2. 沉降筒中装入去离子水 300mL，加入已配好的 5% 焦磷酸钠 6mL。将托盘挂在扭力天平臂上，悬于沉降筒正中。设法记下实验台面上沉降筒的位置。打开天平开关 1，转动指针转盘 2，使平衡指针 4 与零线重合，记下表盘读数 G_0（图 14-3）。

3. 从沉降筒壁的标尺上读出平衡时托盘至水面的高度 h。然后取出托盘，同时记下溶液的温度。

4. 在电子天平上称取约 1.5g 碳酸钙粉末，放在小表面皿上，将沉降筒中的水倒回 500mL 烧杯中，取少量溶液滴在表面皿上，用牛角匙仔细地将聚集的粗粒研散。然后用烧杯中的溶液将表面皿和药匙上的粉末小心地全部洗入沉降筒中，最后将烧杯中剩余的溶液全部转入沉降筒中。

5. 用搅拌棒在筒中搅拌 10min，使全部颗粒在整个液体中分布均匀。

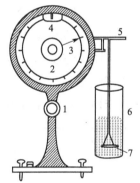

图 14-3　沉降天平法示意图
1—天平开关；2—指针转盘；
3—指针；4—平衡指针；
5—托盘吊钩；6—沉降
筒；7—托盘

6. 迅速将沉降筒放在天平右侧原位，将托盘浸入筒内并挂在钩上，在托盘浸入筒内溶液 1/2 深度时打开秒表，同时不断转动指针转盘 2，使平衡指针 4 始终处于零线。在第 30s 时记下第一个读数 G'_t，以后按下列顺序记录数据，直到隔 5min G'_t 变化小于 0.5mg 为止。

1 次/0.5min　共 15 次　　　1 次/1.0min　共 5 次　　　1 次/2.0min　共 3 次
1 次/3.0min　共 2 次　　1 次/5.0min　约 10 次

五、注意事项

1. 正确使用扭力天平。若要取下或挂上托盘前，需将扭力天平关闭。旋转指针转盘时，动作要轻柔，且不能转动指针转盘直接穿越平衡指针。

2. 托盘应位于沉降筒的中间，不能碰壁，底部不能有气泡。

3. 测定前，悬浮液必须搅拌 10min，并在停止搅拌前，用搅拌棒上下往复拉动几下，改变搅拌产生的离心力，防止粗颗粒沿沉降筒壁下降。搅拌时，注意防止悬浮液外溅。

六、实验原始数据记录

室温：_____ 　　大气压：_____

水温：_____ 　　沉降高度：_____ 　　G_0/mg = _____

t/s	60	90	120	150	180	210	240	270	300	330	360	390	420	450	480	540	600	660
G'_t/mg																		

七、实验数据处理

1. 从附表中查得碳酸钙的密度、实验温度下水的黏度及水的密度，填入下表中。

沉降高度 h /m	介质黏度 η /Pa·s	碳酸钙密度 ρ /kg·m^{-3}	介质密度 ρ_0 /kg·m^{-3}	水温/℃	G_0 /mg

2. 沉降曲线的拟合

根据实验测定结果，用 Origin 绘制沉降曲线 $G(t)$-t 散点图，对数据点进行非线性拟合，得到拟合参数 G_∞、a、b。

拟合方程： $$G(t) = G_\infty [1 - \exp(-at^b)]$$

3. 计算不同半径 r 碳酸钙粒子的粒度分布函数 $F(r)$，并填入下表中。

t/s	G_t/mg	$r \times 10^6$/m	$F(r) \times 10^{-6}$/m^{-1}
...			

注：$G_t = G'_t - G_0$。

4. 以碳酸钙粒子的粒度分布函数 $F(r)$ 对碳酸钙粒子的半径 r 作图，得到碳酸钙粒子的粒度分布曲线。

八、思考题

1. 实验中为什么要加入一定量的焦磷酸钠溶液？

2. 粒子含量太多，或粒子半径太小或太大，对测定有何影响？

九、附表

1. 碳酸钙的密度

$$\rho = 2.825 \times 10^3 \, \text{kg·m}^{-3}$$

2. 不同温度时水的黏度 η

$t/℃$	$\eta \times 10^3/\text{Pa·s}$	$t/℃$	$\eta \times 10^3/\text{Pa·s}$	$t/℃$	$\eta \times 10^3/\text{Pa·s}$
0	1.787	19	1.027	30	0.7975
5	1.519	20	1.002	35	0.7194
10	1.307	21	0.9779	40	0.6529
11	1.271	22	0.9548	45	0.5960
12	1.235	23	0.9325	50	0.5468
13	1.202	24	0.9111	55	0.5040
14	1.169	25	0.8904	60	0.4665
15	1.139	26	0.8705	70	0.4042
16	1.109	27	0.8513	80	0.3547
17	1.081	28	0.8327	90	0.3147
18	1.053	29	0.8148	100	0.2818

3. 不同温度时水的密度 ρ （kg·m^{-3}）

$t/℃$	0.0	0.1	0.2	0.3	0.4	0.5	0.6	0.7	0.8	0.9
0	999.8426	8493	8558	8622	8683	8743	8801	8857	8912	8964
1	999.9015	9065	9112	9158	9202	9244	9284	9323	9360	9395
2	999.9429	9461	9491	9519	9546	9571	9595	9616	9636	9655
3	999.9672	9687	9700	9712	9722	9731	9738	9743	9747	9749
4	999.9750	9748	9746	9742	9736	9728	9719	9707	9696	9683
5	999.9668	9651	9632	9612	9591	9568	9544	9518	9490	9461
6	999.9430	9398	9365	9330	9293	9255	9216	9175	9132	9088
7	999.9043	8996	8948	8898	8847	8794	8740	8684	8627	8569
8	999.8509	8448	8385	8321	8256	8189	8121	8051	7980	7908
9	999.7834	7759	7682	7604	7525	7444	7362	7279	7194	7108
10	999.7021	6932	6842	6751	6658	6564	6468	6372	6274	6174
11	999.6074	5972	5869	5764	5658	5551	5443	5333	5222	5110
12	999.4996	4882	4766	4648	4530	4410	4289	4167	4043	3918
13	999.3792	3665	3536	3407	3276	3143	3010	2875	2740	2602
14	999.2464	2325	2148	2042	1899	1755	1609	1463	1315	1166
15	999.1016	0864	0712	0558	0403	0247	0090	9932①	9772①	9612①
16	998.9450	9287	9123	8957	8791	8623	8455	8285	8114	7942
17	998.7769	7975	7419	7243	7065	6886	6706	6525	6343	6160
18	998.5976	5790	5604	5416	5228	5038	4847	4655	4462	4268
19	998.4073	3877	3680	3481	3282	3081	2880	2677	2474	2269
20	998.2063	1856	1649	1440	1230	1019	0807	0594	0380	0164
21	997.9948	9731	9513	9294	9073	8852	9630	8406	8182	7957
22	997.7730	7503	7275	7045	6815	6584	6531	6118	5883	5648

续表

$t/℃$	0.0	0.1	0.2	0.3	0.4	0.5	0.6	0.7	0.8	0.9
23	997.5412	5174	4936	4697	4456	4215	3973	3730	3485	3240
24	997.2994	2747	2499	2250	2000	1749	1497	1244	0990	0735
25	997.0480	0233	9965①	9707①	9447①	9186①	8925①	8663①	8399①	8135①
26	996.7870	7604	7337	7069	6800	6530	6259	5987	5714	5441
27	996.5166	4891	4615	4337	4059	3780	3500	3219	2935	2655
28	996.2371	2087	1801	1515	1228	0940	0651	0361	0070	9778①
29	995.9486	9192	8898	8603	8306	8009	7712	7412	7113	6813
30	995.6511	6209	5906	5602	5297	4991	4685	4377	4069	3760
31	995.3450	3139	2827	2514	2201	1887	1572	1225	0939	0621
32	995.0302	9983①	9663①	9342①	9020①	8697①	8373①	8049①	7724①	7397①
33	994.7071	6743	6414	6085	5755	5423	5092	4759	4425	4091
34	994.3756	3420	3083	2754	2407	2068	1728	1387	1045	0703
35	994.0359	0015	9671①	9325①	8978①	8631①	8283①	7934①	7585①	7234①
36	993.6883	6531	6178	5825	5470	5115	4759	4403	4045	3687
37	993.3328	2968	2607	2246	1884	1521	1157	0793	0428	0062

① 指整数部减去 1 后的小数部。

附

实验数据的处理及非线性曲线拟合方法

1. 在 Excel 工作表中输入实验原始数据，即沉降时间 t(s) 及对应的沉降量 G'_t(mg)，用 G'_t 减去 G_0 得到 G_t 值。在另一列中按公式 (14-9) 计算不同沉降时间 t 所对应的碳酸钙粉末粒子的半径 r($\times 10^{-4}$ m)。

2. 打开 Origin9.0 软件，将 Excel 表格中的两组数据 (G_t-t) 复制粘贴到 Origin 中的数据表格中（沉降时间作为 A 列，沉降量作为 B 列），用鼠标选中 A、B 两列数据，点击工具栏上的散点式作图按钮（Scatter 按钮），绘制 G_t-t 散点图。

3. 在菜单 Analysis 栏中选择非线性拟合选项（即 Nonliner Curve Fit…），在弹出的设置对话框中的 Category 下拉框中选择 <New…>，点击对话框中的 New Function 按钮，再在弹出的对话框中进行如下的设置，Function Type 类型中选择 User Defined（用户自定义），参数输入框 Parameter Names 中输入参数 a，b，c（注意参数之间用逗号隔开），Function Form 项中选择 Equations（方程），接着在 Function 输入框中正确输入公式 (14-12) 的方程（注意在输入时，方程中的 G_∞ 用参数 a 代替，方程中的 a 用参数 b 代替，方程中的 b 用参数 c 代替），设置完毕后，依次点击 Save 按钮和 OK 按钮，对于三参数非线性拟合需要给定初始值，因此还需点击 Parameters 按钮，三参数 a、b 和 c 的初始值可分别设为 40、1 和 1，然后依次点击 χ^2、 、 Fit 按钮，完成拟合，得到式 (14-12) 中参数 a、b 的拟合值。

4. 计算粒度分布函数值 $F(r)$ 值，在 Excel 工作表按式 (14-13) 输入计算式，计算不同粒径下的粒度分布函数值，将计算得到的 $F(r)$ 数据对 r(10^{-4} m) 作"平滑线散点图"，从而得到不同半径粒子相对量的分布，即粒度分布曲线。

实验十五
溶液吸附法测定硅胶的比表面

一、实验目的
1. 了解溶液吸附法测定比表面的基本原理。
2. 用溶液吸附法测定硅胶的比表面。

二、实验原理

比表面指单位质量（或单位体积）的物质所具有的表面积，其数值与物质的分散程度有关。常用的固体比表面的测定方法有 BET 低温吸附法、溶液吸附法、电子显微镜法和气相色谱法。其中溶液吸附法具有仪器简单、操作方便等优点。因此，本实验以亚甲基蓝水溶性染料为吸附质，采用溶液吸附法测定硅胶的比表面。

在稀溶液中，硅胶对亚甲基蓝的吸附是单分子层吸附，根据朗格缪尔单分子层吸附理论，当亚甲基蓝在硅胶表面的吸附达到饱和后，吸附与脱附处于动态平衡，亚甲基蓝分子铺满整个硅胶粒子表面而不留下空位，此时吸附剂硅胶的比表面可按式(15-1)计算：

$$S = \frac{V(c_0 - c)A_m}{m} \tag{15-1}$$

式中，S 为比表面，$m^2 \cdot kg^{-1}$；c_0 为亚甲基蓝原始溶液的浓度，$mg \cdot mL^{-1}$；c 为吸附平衡溶液的浓度，$mg \cdot mL^{-1}$；V 为亚甲基蓝原始溶液的体积，mL；m 为硅胶的质量，mg；A_m 为亚甲基蓝分子在硅胶表面的覆盖面积，$m^2 \cdot kg^{-1}$。A_m 数值大小与亚甲基蓝分子在硅胶表面吸附时的排列方式有关，需要先通过其他精确测量固体比表面的方法测定本实验所用硅胶的比表面，再代入式(15-1)计算求得。

本实验吸附平衡溶液浓度的测量是借助分光光度计测量吸光度来得到的。根据光吸收定律，当入射光为一定波长的单色光时，某溶液的吸光度与溶液中有色物质的浓度及溶液的厚度成正比，即：

$$A = Klc \tag{15-2}$$

式中，A 为吸光度；K 为常数；c 为溶液浓度，$mol \cdot L^{-1}$；l 为液层厚度，cm。

实验首先测定一系列已知浓度的亚甲基蓝溶液的吸光度 A，绘出 A-c 工作曲线，然后测定亚甲基蓝吸附平衡溶液的吸光度 A，代入 A-c 工作曲线得到其浓度 c，再代入式(15-1)中计算硅胶的比表面。

三、仪器与试剂

722N 型分光光度计	1 套	康氏振荡器	1 台
碘量瓶(100mL)	2 只	容量瓶(100mL)	7 只
移液管(25mL)	1 支	移液管 (5mL)	2 支
层析硅胶(80 目)		0.05mg·mL^{-1}亚甲基蓝溶液	

四、实验步骤

1. 活化样品

将层析硅胶置于瓷坩埚中，放入105℃烘箱中活化3~4h，然后置于干燥器中备用。

2. 溶液吸附

在2只干燥、洁净的100mL碘量瓶中，均放入准确称取的活化过的硅胶约0.05g，再准确移入50mL浓度为0.05mg·mL^{-1}的亚甲基蓝溶液，加入一粒搅拌子后放在康氏振荡器上振荡2h。

3. 配制亚甲基蓝标准溶液

用移液管分别准确移取2.00mL、4.00mL、6.00mL、8.00mL、10.00mL 浓度为0.05mg·mL^{-1}的亚甲基蓝溶液于100mL容量瓶中，用去离子水稀释至刻度（即得浓度分别为1μg·mL^{-1}、2μg·mL^{-1}、3μg·mL^{-1}、4μg·mL^{-1}、5μg·mL^{-1}的标准溶液）。

4. 吸附平衡液处理

振荡结束后，将碘量瓶静置10min左右，再用移液管吸取5.00mL澄清液，放入100mL容量瓶中，并用去离子水稀释至刻度。

5. 选择工作波长

取3μg·mL^{-1}的标准溶液，以去离子水为空白液，在600~700nm范围内测量吸光度，将最大吸收（即吸光度最大）时的波长作为工作波长。

6. 测量平衡溶液的吸光度

在工作波长下，依次分别对各标准溶液以及稀释后吸附平衡溶液测定三次吸光度。

五、注意事项

1. 硅胶经活化后吸附能力很强，称量时动作要快，而且两份硅胶所称的质量应尽量接近。

2. 移取吸附平衡液时，注意不要将硅胶吸入移液管中，以免引起测量误差。

3. 振荡时间要充足，以确保已达到吸附饱和。

六、实验原始数据记录

室温：_____   大气压：_____

m_1（硅胶）=_____g，m_2（硅胶）=_____g

选择工作波长实验数据记录

λ/nm			...
吸光度 A			...

亚甲基蓝标准溶液吸光度测定实验数据记录

c	1μg·mL^{-1}	...	5μg·mL^{-1}
吸光度 A			

稀释后吸附平衡溶液吸光度测定实验数据记录

系统	吸附平衡溶液			
	1		2	
吸光度 A				

七、实验数据处理

1. 作工作曲线

以各亚甲基蓝标准溶液的浓度对吸光度作图并进行线性拟合。作图及拟合方法参考绪论部分第三章第二节。722N 型分光光度计的使用方法见实验十三。

2. 计算各硅胶样品的比表面

将实验测定的各稀释后的吸附平衡溶液吸光度，代入工作曲线拟合方程，将计算得到的浓度乘以稀释倍数即得到吸附平衡溶液浓度 c，再根据式(15-1)计算各硅胶样品的比表面 S。

八、思考题

1. 本实验亚甲基蓝原始溶液浓度为 $0.05\text{mg}\cdot\text{mL}^{-1}$，如果采用很浓的溶液或很稀的溶液，对实验分别会产生什么影响？

2. 若吸附后浓度太低（稀释后的吸附平衡溶液吸光度很小），那么应该如何改动实验才能完成硅胶比表面的测定（不考虑吸附未达到平衡的情况）？

实验十六
最大气泡法测定溶液的表面张力

一、实验目的

1. 掌握最大气泡法测定表面张力的原理和技术。
2. 测定不同浓度正丁醇水溶液的表面张力，计算溶液的表面吸附量和正丁醇分子的截面积。

二、实验原理

表面张力指在表面上垂直作用于单位长度上使表面积收缩的力，它的单位是 $\text{N}\cdot\text{m}^{-1}$。其大小与液体的性质、纯度、温度以及与之相接触的另一相物质的性质有关。

加入溶质能使溶液的表面张力发生变化，有的会使溶液的表面张力比纯溶剂的高，有的则会使溶液的表面张力降低，于是溶质在表面的浓度与溶液本体的浓度不同。这种溶质在溶液表面层的浓度与在溶液内部的浓度不等的现象称为溶液表面的吸附。单位面积的溶液表面上所含溶质的物质的量，超过同量溶剂在溶液本体中所含溶质的物质的量，称为溶质的吸附量。

在指定温度、压力下，溶质的吸附量与溶液表面张力及溶液的浓度之间的关系遵从 Gibbs 吸附方程

$$\Gamma = -\frac{c}{RT}\frac{\mathrm{d}\gamma}{\mathrm{d}c} \tag{16-1}$$

式中，Γ 为表面吸附量，$\text{mol}\cdot\text{m}^{-2}$；$\gamma$ 为表面张力，$\text{J}\cdot\text{m}^{-2}$；$c$ 为溶液浓度，$\text{mol}\cdot\text{L}^{-1}$。

设正丁醇水溶液的表面张力与浓度之间的关系符合 Szyszkowski（希斯科夫斯基）经验式

$$\gamma = \gamma_0 - \gamma_0 b \ln\left(1 + \frac{c}{a}\right) \tag{16-2}$$

式中，γ_0、γ 分别为实验温度下纯水和溶液的表面张力；a、b 为经验常数；c 为溶液浓度。

本实验用最大气泡法测定不同浓度的正丁醇水溶液的表面张力，通过拟合经验常数 a、b 得到 $\gamma = f(c)$ 函数关系式，代入吉布斯吸附方程[式(16-2)]，即可计算正丁醇溶液的表面吸附量。

正丁醇分子由亲水的羟基和憎水的丁基所组成，当正丁醇溶于水时，其分子将在水溶液表面形成定向排列结构，即分子的极性基团指向溶液内部；分子的憎水基团基本上指向空气。由于正丁醇的表面张力小于水的表面张力，因而随着正丁醇浓度的增加，越来越多的正丁醇分子占据溶液的表面层，当浓度增至一定程度，正丁醇分子占据了所有表面，形成饱和吸附层（如图 16-1 所示）。

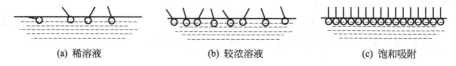

(a) 稀溶液　　　　(b) 较浓溶液　　　　(c) 饱和吸附

图 16-1　复极性分子在水溶液表面上的排列情况示意图

由 Langmuir 吸附等温式：

$$\Gamma = \Gamma_\infty \frac{Kc}{1+Kc} \tag{16-3}$$

式中，Γ_∞ 为饱和吸附量；K 为吸附平衡常数。将上式取倒数经整理可得

$$\frac{c}{\Gamma} = \frac{c}{\Gamma_\infty} + \frac{1}{K\Gamma_\infty} \tag{16-4}$$

作 $\frac{c}{\Gamma}$-c 图，由直线的斜率可求得饱和吸附量 Γ_∞，根据式(16-5) 由饱和吸附量 Γ_∞ 求取正丁醇分子的截面积。

$$S_m = \frac{1}{\Gamma_\infty N_A} \tag{16-5}$$

式中，S_m 为分子的截面积，m^2；N_A 为阿伏伽德罗常数。

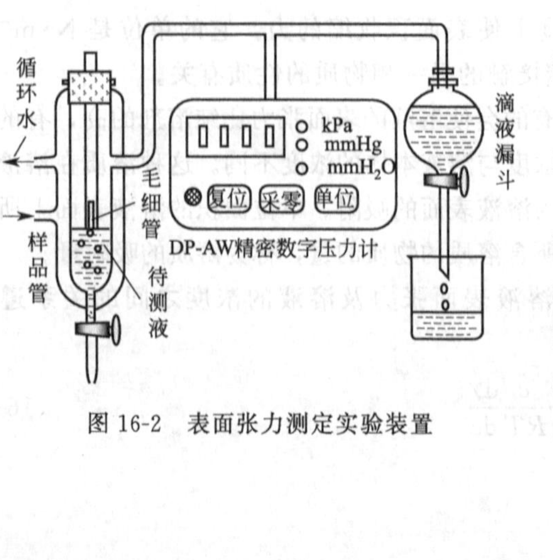

最大气泡法测定溶液表面张力的实验装置如图 16-2 所示。

将欲测表面张力的液体（去离子水或正丁醇水溶液）装入样品管中，通过调节样品管下端的活塞使毛细管的端面与液面相切。打开滴液漏斗的活塞，使水缓慢滴下而降低系统内部的压力，毛细管内的液面上受到一个比样品管内的液面上稍大的压力。当压力差在毛细管端

图 16-2　表面张力测定实验装置

面上产生的作用稍大于毛细管口液体的表面张力时，气泡就从毛细管口被压出，这个压力差可由数字式微压差测定仪上读出。

设毛细管的半径为 r，气泡由毛细管被压出时受到向下的压力差为 Δp，$\Delta p = p_{大气压} - p_{系统}$。

气泡在毛细管口生成并长大需要克服的由表面张力引起附加压力 p_s 为：

$$p_s = \frac{2\gamma}{R} \tag{16-6}$$

式中，R 为毛细管内弯曲液面的曲率半径。

当气泡在毛细管口开始形成时，气泡表面的曲率很小，R 很大，p_s 很小；随着气泡长大，R 减小，当气泡呈半球形时，$R=r$ 达到最小，此时 p_s 达到最大值；气泡继续长大，R 增加，p_s 减小，直至气泡逸出。在气泡从毛细管口逸出的瞬间有：

$$\Delta p_{max} = p_{s(max)} = \frac{2\gamma}{r} \tag{16-7}$$

$$\gamma = \frac{r}{2}\Delta p_{max} = K \Delta p_{max} \tag{16-8}$$

式中，K 为毛细管常数。

测定已知表面张力的液体（如去离子水）的 Δp_{max}，求得毛细管常数 K，再用同一毛细管测定不同浓度正丁醇溶液的 Δp_{max}，即可得到不同浓度正丁醇溶液的表面张力。

三、仪器与试剂

恒温槽	1 台	表面张力测定装置	1 套	
容量瓶（50mL）	7 只	移液管（2mL、5mL、10mL）	各 1 支	
烧杯（50mL、250mL）	各 1 只	250mL 容量瓶	1 个	正丁醇（分析纯）

四、实验步骤

1. 配制 $0.500 \text{mol} \cdot \text{L}^{-1}$ 正丁醇溶液 250mL，然后用该溶液配制下列浓度溶液各 50mL：
   $c/\text{mol} \cdot \text{L}^{-1}$　　0.025　　0.050　　0.100　　0.150　　0.200　　0.250　　0.300

2. 将恒温水槽的温度调至比室温高 1～2℃。打开精密数字压力计预热仪器，选择压力单位为 mmH_2O。

3. 在洗净的样品管内注入去离子水，插入毛细管，调节样品管下端的活塞使液面与毛细管端面相切。

4. 关闭与大气相通的活塞，打开滴液漏斗的活塞放水，使压力计上的示数达到一定数值时，关闭滴液漏斗停止放水，观察压力计上的示数是否变化，以此检查系统是否漏气。

5. 旋开与通大气玻璃管相连接的活塞，使系统与大气相通，按下数字压力计的"采零"键，此时压力计显示为 0.00。再关闭与大气相通的活塞，使压力计显示为 0.00。

6. 打开滴液漏斗的活塞，使水慢慢滴出。控制滴液漏斗水流的速率，使毛细管逸出气泡的速率为 3～5s 一个气泡。读取压力计的最大示数 Δp_{max}，重复三次，取平均值。

7. 用同一支毛细管，在样品管中从稀到浓分别注入已配好的正丁醇溶液，用与步骤 5、6 同样的方法分别测出不同浓度正丁醇溶液所对应的 Δp_{max}。

五、注意事项

1. 保证测量系统为一密闭系统，不能漏气。
2. 样品注入样品管后应恒温 5~10min。
3. 毛细管使用前需用重铬酸钾-硫酸洗液浸泡毛细管 1min 左右，然后分别用自来水和去离子水充分冲洗。测量时毛细管端面一定与样品管内液体液面相切。
4. 向样品管注入水或溶液时应避免液体流入与压力计相通的胶管里。
5. 测定不同浓度下正丁醇溶液 Δp_{max} 时，溶液浓度的测定次序一定为从稀到浓。
6. 控制好毛细管口气泡逸出的速率。

六、实验原始数据记录

室温：_____ 大气压：_____ 实验温度：_____

$c/\text{mol}\cdot\text{L}^{-1}$	0	0.025	0.05	…
$\Delta p_{max}/\text{mmH}_2\text{O}$				…
				…
				…

七、实验数据处理

1. 根据实验温度下纯水的表面张力计算毛细管常数，然后计算各浓度正丁醇溶液的表面张力 γ 填于下表中。由 γ-c 实验数据用 Origin 软件根据 Szyszkowski（希斯科夫斯基）经验式拟合经验常数 a、b，得到正丁醇溶液的表面张力 γ 随浓度变化的函数关系式并作 γ-c 图。

2. 由 γ-c 拟合方程根据 Gibss 吸附方程计算各浓度正丁醇溶液的表面吸附量 Γ 以及 $\dfrac{c}{\Gamma}$ 数据，填于下表中。

$c/\text{mol}\cdot\text{L}^{-1}$	$\gamma/\text{N}\cdot\text{m}^{-1}$	$\Gamma/\text{mol}\cdot\text{m}^{-2}$	$\dfrac{c}{\Gamma}/\text{L}^{-1}\cdot\text{m}^2$
0.025			
0.050			
…			

3. 作 $\dfrac{c}{\Gamma}$-c 图求取饱和吸附量 Γ_∞，并计算正丁醇分子的截面积。

八、思考题

1. 实验时，为什么毛细管口应处于刚好接触溶液表面的位置？如插入一定深度对实验将带来什么影响？
2. 毛细管半径太大或太小对实验有什么影响？
3. 实验中为什么要测定水的 Δp_{max}？
4. 为什么要求从毛细管中逸出的气泡必须均匀而间断？出泡速度应控制多少为宜？若出泡速度太快，对表面张力测定值影响如何？

九、附表及文献值

1. 文献值

正丁醇分子的截面积 $S_m = 2.4 \times 10^{-19} \sim 3.2 \times 10^{-19} \, m^2$

摘自：董迫传，郑新生编．物理化学实验指导．开封：河南大学出版社，1997.220.

2. 不同温度下纯水的表面张力 γ

$t/℃$	$\gamma \times 10^3 / J \cdot m^{-2}$	$t/℃$	$\gamma \times 10^3 / J \cdot m^{-2}$	$t/℃$	$\gamma \times 10^3 / J \cdot m^{-2}$	$t/℃$	$\gamma \times 10^3 / J \cdot m^{-2}$
5	74.92	15	73.49	21	72.59	27	71.66
10	74.22	16	73.34	22	72.44	28	71.57
11	74.07	17	73.19	23	72.28	29	71.35
12	73.93	18	73.05	24	72.13	30	71.18
13	73.78	19	72.90	25	71.97	35	70.38
14	73.64	20	72.75	26	71.82	40	69.56

摘自：复旦大学等编．物理化学实验．第2版．北京：高等教育出版社，1995.458.

附

Origin 9.0 处理实验数据

实验数据的处理及 γ-c、$\dfrac{c}{\Gamma}$-c 曲线的拟合方法

(1) 在 Origin 中第 1 列、2 列分别输入正丁醇溶液的浓度和对应的最大压差值。

(2) 点右键"Add new column"，并在这一列输入计算的不同浓度正丁醇的表面张力值 γ。

(3) 用鼠标选择浓度列及表面张力列实验数据后，单击下方工具栏上的散点图快捷键 (Scatter) 按钮，绘制 γ-c 散点图。

(4) 对 γ-c 散点图进行非线拟合，方程为 $\gamma = \gamma_0 - \gamma_0 b \ln\left(1 + \dfrac{c}{a}\right)$。其方法是：

第一步：打开 Origin，输入待处理的数据，并绘制出数据的散点图。

第二步：依次打开 Annlysis→Fitting→Nonlinear Curve Fit→Opea Dialog 非线性曲线拟合函数对话框，点击。

第三步：在弹出的对话框中选择 Settings 选项卡→选择第一项 Function Selection→点击右侧的 Category 选择 User Defined→在 Function 中选择 New。

第四步：弹出新对话框，在 Function Name 里填写自定义函数的名称，点击 Next。

第五步：在新弹出的对话框中填写 Independent Variables（自变量名称），Dependent Variables（因变量名称），Parameters（参数名称）（注意，参数之间用逗号隔开）。

第六步：在新弹出的对话框中填写自定义的函数表达式（注意，不用写 y=），只用填写函数表达式，然后点击 Next。

第七步：进入编译状态，选择 Use Custom Code，点击右侧。

第八步：在新弹出的对话框中点击 Compile。

第九步：左下方的 Output 状态栏中显示 Done! 后，就说明函数通过了编译，可以正常使用。

第十步：点击上面红框右侧的 Return to Dialog，返回上一个对话框，点击 Finish。

第十一步：完成上述编译后，选择 Paramenters，根据数据对 $a=1$，$b=1$ 进行赋值，赋值后选择 Fit。

第十二步：点击 OK。

第十三步：拟合生成的图像出现，借助图像判断自己所选拟合函数的正确性，若不正确，则返回初始值重新拟合。

第十四步：或者选择下面 内容，拟合直到函数收敛，即可生成拟合函数报告，得到 a，b 的值。

（5）再增加 1 列，输入吉布斯等温方程计算出不同浓度正丁醇溶液的表面吸附量 Γ。

（6）再增加 1 列，输入 c/Γ 的值。

（7）选择 Γ 和 c/Γ 列，作散点图。选中散点，选择菜单命令 Analysis→Fitting→linear Fit→Open Dialog→Recalculate→Auto→OK，求得斜率。

（8）用鼠标选择散点图上的任意一个数据点，单击鼠标右键，选择所弹出菜单里的【添加趋势线】命令。在出现的"添加趋势线"对话框里，在"类型"标签下选择趋势线类型为"直线"；在"选项"的标签下选择"显示公式"和"显示 R 平方值"，单击"确定"，即可完成实验数据的直线拟合，同时得到拟合方程。

实验十七

电泳

一、实验目的

1. 应用水解凝聚和渗析纯化法制备 $Fe(OH)_3$ 溶胶。
2. 观察溶胶的电泳现象，掌握用宏观电泳法测定胶粒移动速率及其电动电势的原理和方法（ζ）。

二、实验原理

在胶体分散系统中，由于胶体本身电离或胶体从分散介质中选择地吸附一定量的离子，使胶粒带有一定量的电荷。由于整个胶体系统是电中性的，所以在胶体四周的分散介质中，具有电量相同而符号相反的反号离子。反号离子因静电引力而靠近吸附离子，由于质点的热运动而使绝大部分反号离子向胶粒周围分散介质中扩散，因而形成双电层结构——紧密层和扩散层。在外加电场作用下，荷电胶粒与分散介质间会发生相对移动，荷正电（或荷负电）的胶粒向负极（正极）移动，这种现象称为电泳。在外电场作用下，荷电胶粒与分散介质发生相对移动存在一个滑动面，滑动面与分散介质内部之间的电势差称为电动电势，又称为 ζ 电势。ζ 电势与胶粒的性质、介质组成以及胶体的浓度有关。

原则上，任何一种胶体的电动现象（电泳、电渗、流动电势、沉降电势）均可以用来测定 ζ 电势，但最方便的是电泳法。

电泳法又分为两类：宏观法和微观法。宏观法的原理是观察溶胶与另一不含胶粒的无色导电液（称为辅助液）间的界面在电场中移动速率，适用于高分散或高浓度色深溶胶的观察；微观法是直接观察单个胶粒在电场中的移动速率，适用于色淡或浓度低的溶胶。本实验

采用宏观法观察 $Fe(OH)_3$ 溶胶的电泳现象并测定该溶胶的 ζ 电势。

ζ 电势的数值可根据亥姆霍兹（Helmholtz）方程计算

$$\zeta = 3.6 \times 10^6 \frac{\pi \eta l u}{\varepsilon U} \tag{17-1}$$

式中，η 为分散介质的黏度，$Pa \cdot s$；ε 为分散介质的介电常数；l 为两电极间距离，m；u 为电泳速率，$m \cdot s^{-1}$；U 为加在电泳测定管两端的电压，V。

溶胶的电泳速率 u 按式(17-2)求出。

$$u = \frac{S}{t} \tag{17-2}$$

式中，S 为胶粒在一定外电场作用下，在时间 t (s) 内移动的距离，m。

将式(17-2)代入式(17-1)并整理得

$$S = \frac{\varepsilon U \xi}{3.6 \times 10^6 \pi \eta l} t \tag{17-3}$$

在恒定电压下测定不同时刻 t 时胶粒的移动距离 S，以 S 对 t 作图得一直线，由直线的斜率可计算溶胶的 ζ 电势。

$$\zeta = \frac{3.6 \times 10^6 \pi \eta l}{\varepsilon U} \beta \tag{17-4}$$

三、仪器与试剂

直流稳压电源	1 台	电泳测定仪	1 套
电导率仪	1 台	磁力加热搅拌器	1 台
锥形瓶（250mL）	1 个	量筒（100mL）	1 个
烧杯（250 mL、500mL、800 mL）	各 1 只		
铁架台	1 个	滴管	2 支
大试管	1 支	秒表	1 块

$FeCl_3$（分析纯）　　稀 KCl 溶液（$0.01 mol \cdot L^{-1}$）　　火棉胶溶液（6%）
$AgNO_3$ 溶液（1%）　　KCNS 溶液（1%）

四、实验步骤

1. 珂珞丁袋的制备

在已洗净、烘干的 250mL 锥形瓶中加入大约 20mL 火棉胶溶液，小心转动锥形瓶使火棉胶在锥形瓶内壁上均匀分布形成一层薄膜，倾出多余火棉胶（应回收）。将锥形瓶倒置于铁架台上的铁圈内。待火棉胶中乙醚挥发至用手摸不粘手时，用手沿瓶口将珂珞丁袋与瓶壁剥离一条小缝，再从小缝缓缓灌入去离子水，使胶膜与瓶壁完全脱离。从瓶中取出珂珞丁袋，注入去离子水检查不漏水后，放入去离子水中浸泡 10min 待用。

2. $Fe(OH)_3$ 溶胶的制备和钝化

在 500mL 烧杯中加入 180mL 去离子水并加热至沸腾。将 $1.0g$ $FeCl_3$ 溶于 40mL 去离子水中，在搅拌条件下将 $FeCl_3$ 溶液逐滴加入正在沸腾的去离子水中（控制在 5~8min 内滴完）。然后再煮沸 1~2min，即制得质量分数约为 0.5% 的 $Fe(OH)_3$ 溶胶。反应方程式为：

$$FeCl_3 + 3H_2O \xrightarrow[\triangle]{水解} Fe(OH)_3 + 3HCl$$

待 $Fe(OH)_3$ 溶胶冷却后倒入珂珞丁袋中。袋口插入一玻璃管并用橡皮筋拴住后，置于放有约 300mL 去离子水的 800mL 大烧杯中，维持温度为 60℃左右进行热渗析。每隔 20min 换水一次，4 次后取出少量渗析水，分别用 1% $AgNO_3$ 及 1% KCNS 溶液检查是否存在 Cl^- 及 Fe^{3+}，如果仍存在，应继续换水渗析直至检查不出 Cl^- 及 Fe^{3+} 为止。

取适量 $Fe(OH)_3$ 溶胶置于大试管中，用电导率仪测定其电导率。

3. KCl 辅助液的制备

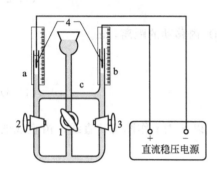

图 17-1　电泳仪装置示意图
1～3—活塞；4—铂丝电极

在 250mL 烧杯中加入约 200mL 去离子水，插入电导电极，边搅拌边慢慢滴入 KCl 稀溶液，同时测定其电导率，直至其电导率与 $Fe(OH)_3$ 溶胶的电导率相等。

4. 电泳测定仪装配

电泳仪如图 17-1 所示。

(1) 先用去离子水和少量 $Fe(OH)_3$ 溶胶清洗电泳仪 2～3 次。

(2) 关闭活塞 1，导通活塞 2、3，从漏斗中加入适当 $Fe(OH)_3$ 溶胶，然后慢慢导通活塞 1，让溶胶缓慢地通过毛细管下降再上升，直到刚刚接触活塞 2、3 为止。关闭活塞 1、2、3。

(3) 将电泳仪稍微倾斜，除去毛细管中气泡。

(4) 再次导通活塞 2、3，缓慢导通活塞 1，让溶胶上升到刚刚充满活塞 2、3 为止，关闭活塞 1、2、3。

(5) 在活塞 2、3 以上部分，注入 KCl 辅助液直到注满横管 c 为止。

(6) 缓慢导通活塞 2、3，让 $Fe(OH)_3$ 溶胶与 KCl 辅助液在活塞 2、3 上管口处形成清晰界面。再缓慢导通活塞 1，让漏斗中的溶胶缓慢流下，此时 2、3 活塞上管口处的界面上升。当溶胶充满整个横管 c 并在直管中上升 2cm 左右高度后，关闭活塞 1、2、3。

注意：如果 $Fe(OH)_3$ 溶胶与 KCl 辅助液所形成的界面在两个直管中上升时高度不同，则应及时调节活塞 2 或 3，使两边界面的高度相同。例如 a 管内界面上升较快，则适当关闭活塞 2。

5. $Fe(OH)_3$ 溶胶电泳速率测定

(1) 在直管中插入铂丝电极，并将铂丝电极与直流稳压电源连接。打开直流稳压电源，调节输出电压为 25～30V 之间，待界面非常清晰后，记录界面每上升 0.02m 所需时间 t，记录 10～12 组数据。

(2) 记录直流稳压电源输出电压值 U，用细铜丝沿 U 形管中线准确量取两支铂丝电极间距离 l，量 3 次取平均值。

五、注意事项

1. 制备珂珞丁袋时一定要使火棉胶在整个锥形瓶的内壁上均匀覆着。取出珂珞丁袋时应借助水的浮力将其托出。

2. 溶胶制备及渗析过程中应严格按照实验步骤操作，控制好浓度、温度、搅拌和滴加速率。

3. 在电泳仪中灌注 $Fe(OH)_3$ 溶胶和 KCl 辅助液时动作应缓慢，尤其在 $Fe(OH)_3$ 溶胶和 KCl 辅助液已形成界面后，更应注意避免电泳仪振动，防止因界面不清晰致使测量误差较大甚至实验失败。

4. 在直管中插入铂丝电极时应注意两极浸入液面下的深度相等。

5. 直流稳压电源的输出电压不能太高，防止因溶液电解产生气泡，致使界面清晰度下降。

六、实验原始数据记录

室温：_____ 大气压：_____ $\kappa / S \cdot m^{-1} =$ _____
$U/V =$ _____ $l/m =$ _____

S/m	0.02	0.04	0.06	…
t/s				

七、实验数据处理

1. 由 $Fe(OH)_3$ 溶胶电泳时界面移动的方向确定胶粒所带电荷。
2. 作 S-t 直线图，由直线斜率按式(17-4)计算 $Fe(OH)_3$ 溶胶的 ζ 电势。

八、思考题

1. 胶体的电泳速率与哪些因素有关？
2. 实验所用 KCl 辅助液的电导率为什么必须与所测溶胶的电导率相等？
3. 由实验结果解释 $Fe(OH)_3$ 溶胶胶粒所带电荷的符号及形成的原因。

九、文献值

1. 在 0~4℃温度范围内水的介电常数与温度之间的关系

$$\ln \varepsilon_t = 4.474226 - 4.54426 \times 10^{-3} t/℃$$

2. 20℃及25℃下介质水的 η

$$\eta = 0.01005 Pa \cdot s(20℃), \quad \eta = 0.00894 Pa \cdot s(25℃)$$

3. 文献值：$\zeta = 44 mV$

摘自：董迫传，郑新生编. 物理化学实验指导. 开封：河南大学出版社，1997.249.

实验十八

配合物磁化率的测定

一、实验目的

1. 掌握古埃（Gouy）法测定物质磁化率的实验原理和方法。
2. 通过对一些配合物磁化率的测定，推算中心离子的自旋未成对电子数、确定 d 电子组态和配位场的强弱。

二、实验原理

1. 磁感应强度、磁场强度

在外磁场的作用下,物质会被磁化产生附加磁感应强度,该物质内部的磁感应强度 $\vec{B}$ 为

$$\vec{B} = \vec{B}_0 + \vec{B}' = \mu_0 \vec{H} + \vec{B}' \tag{18-1}$$

式中,$\vec{B}_0$ 为外磁场的磁感应强度,T;$\vec{B}'$ 为物质被磁化产生的附加磁感应强度,T;$\vec{H}$ 为外磁场强度,A·m^{-1};μ_0 为真空磁导率($\mu_0 = 4\pi \times 10^{-7}$ N·A^{-2} = $4\pi \times 10^{-7}$ Wb·A^{-1}·m^{-1})。

磁场强度 $\vec{H}$ 与磁感应强度 $\vec{B}$ 不同,$\vec{H}$ 是反映外磁场性质的物理量,与物质的磁化学性质无关。空气的磁导率 $\mu_{空} \approx \mu_0$,因而:$\vec{B}_0 = \mu_{空} \vec{H}$。习惯上用测磁仪测得的"磁场强度"实际上都是指在某一介质中的磁感应强度,因而单位用特斯拉或毫特,测磁仪器也称为特斯拉计或毫特计。

2. 物质的宏观磁性质、磁化强度与磁化率

物质的磁化可用磁化强度矢量 $\vec{M}$ 来描述,它表示单位体积中的磁矩。在非铁磁性物质中,$|\vec{B}'| \ll |\vec{B}_0|$,磁化强度与磁场强度成正比

$$\vec{M} = \chi \vec{H} \tag{18-2}$$

式中,χ 称为物质的体积磁化率,表明单位体积物质的磁化能力,是量纲为 1 的纯数,是物质的一种宏观磁性质。$\vec{B}'$ 与 $\vec{M}$ 的关系为

$$\vec{B}' = \mu_0 \vec{M} \tag{18-3}$$

将式(18-2) 和式(18-3) 代入式(18-1) 得

$$\vec{B} = (1+\chi)\mu_0 \vec{H} = \mu_r \mu_0 \vec{H} = \mu \vec{H} \tag{18-4}$$

式中,μ 和 μ_r 分别为物质的磁导率和相对磁导率,与物质的磁化学性质有关。

化学上常用单位质量磁化率 χ_m 和摩尔磁化率 χ_M 来表示物质的磁性质,其定义为

$$\chi_m = \frac{\chi}{\rho} \tag{18-5}$$

$$\chi_M = M\chi_m = \frac{M\chi}{\rho} \tag{18-6}$$

式中,ρ 和 M 分别是物质的密度和摩尔质量。

根据物质磁性的起源、磁化率的大小和温度的关系可分为以下几类。

(1) **抗磁性物质** 这类物质的原子、分子或离子本身没有永久磁矩,但由于它内部电子轨道的运动,在外磁场作用下会产生拉摩进动,感应出"分子电流"产生一个诱导磁矩来,诱导磁矩的方向与外磁场相反,宏观上表现为附加磁场方向与外磁场方向相反。其磁化强度与外磁场强度成正比,并随着外磁场的消失而消失。其 $\chi_M < 0$。

(2) **顺磁性物质** 这类物质的原子、分子或离子本身具有永久磁矩 μ_m。在无外磁场作用下,由于热运动,永久磁矩指向各个方向的机会相同,所以该磁矩的统计值等于零。在外磁场作用下,一方面永久磁矩会顺着外磁场方向排列,其磁化方向与外磁场相同,而磁化强度与外磁场强度成正比;另一方面物质内部的电子轨道运动也会产生拉摩进动,其磁化方向与外磁场方向相反。因此这类物质在外磁场下表现的附加磁场是上述两者作用的总结果。显然,此类物质的摩尔磁化率 χ_M 是摩尔顺磁化率 χ_μ 和摩尔逆磁化率 χ_0 两部分之和

$$\chi_M = \chi_\mu + \chi_0 \tag{18-7}$$

但由于 $\chi_\mu \gg \chi_0$，有

$$\chi_M \approx \chi_\mu \tag{18-8}$$

故通常称具有永久磁矩的物质为顺磁性物质，其 $\chi_M > 0$。

(3) 铁磁性、亚铁磁性和反铁磁性物质

铁磁性物质：这类物质的原子有多个未成对电子，原子磁矩较大且相互间有一定作用，使原子磁矩平行排列，是强磁性物质，如金属铁和钴等材料。

亚铁磁性物质：与铁磁性物质稍有不同的是相邻原子磁矩部分呈现反平行排列，亦为强磁性物质，如 Fe_3O_4 等材料。

上述强磁性物质中 $|\vec{B}'| \gg |\vec{B}_0|$，从而 $\chi_M \gg 0$。

反铁磁性物质：因相邻原子磁矩呈现相等的反平行排列，在 T_N（奈尔温度）以上呈顺磁性；在低于 T_N 时，磁化率随温度降低而减小，是弱磁性物质，如 MnO 和 Cr_2O_3 等材料。

铁磁性、亚铁磁性和反铁磁性物质一般在物理学中研究。

3. 居里定律

居里（P. Curie）在实验中首先发现，物质的摩尔顺磁化率与热力学温度成反比，$\chi_\mu = C/T$，所以该式称为居里定律，C 称为居里常数。

假定分子间无相互作用，应用统计力学的方法可以导出弱场中摩尔顺磁化率 χ_μ 和永久磁矩 μ_m 之间的定量关系

$$\chi_\mu = \frac{N_A \mu_0 \mu_m^2}{3kT} \tag{18-9}$$

式中，N_A 为阿伏伽德罗常数；k 为玻尔兹曼常数；T 为热力学温度。该式从理论上给出了居里常数的构成。

分子的摩尔逆磁化率 χ_0 是由诱导磁矩产生的，它与温度的依赖关系很小，因此具有永久磁矩的物质的摩尔磁化率与磁矩的关系为

$$\chi_M = \chi_0 + \frac{N_A \mu_0 \mu_m^2}{3kT} \approx \frac{N_A \mu_0 \mu_m^2}{3kT} \tag{18-10}$$

该式将物质的宏观物理性质（χ_M）和其微观性质（μ_m）联系起来了，因此只要实验测得顺磁性物质的 χ_M，代入式(18-10)就可以算出永久磁矩 μ_m。

4. 物质的磁性质与物质结构

物质的顺磁性主要来自与电子的自旋相联系的磁矩。电子有两种自旋状态，由于成对电子自旋所产生的磁矩是相互抵消的，所以只有存在自旋未成对电子的物质才具有永久磁矩，在外磁场中表现为顺磁性。因此，如果分子、原子或离子中两个自旋状态的电子数不相等，则该物质在外磁场中就呈现顺磁性。

物质的永久磁矩 μ_m 和它所包含的未成对电子数 n 的关系可用下式表示

$$\mu_m = \sqrt{n(n+2)} \mu_B \tag{18-11}$$

式中，μ_B 称为波尔（Bohr）磁子，其物理意义是单个自由电子自旋所产生的磁矩

$$\mu_B = \frac{eh}{4\pi m_e} = 9.274078 \times 10^{-24} \text{A} \cdot \text{m}^2$$

式中，e 为电子电荷；m_e 为电子的静止质量；h 为普朗克（Planck）常数。

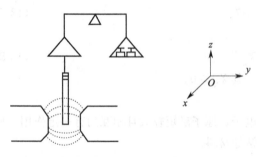

图 18-1 古埃（Gouy）磁天平示意图

通过实验可以测定物质的 χ_M，代入式(18-10)求得 μ_m，再根据式(18-11)求得未成对的电子数 n，这对于研究某些配位化合物中心离子的电子组态，以及判断配合物所处配位场强弱和配键类型是很有意义的。

5. 摩尔磁化率 χ_M 的测定原理

通常采用古埃（Gouy）磁天平法测定顺磁性和抗磁性物质的摩尔磁化率 χ_M，本实验采用的是 CTP-IA 型磁天平，其实验装置如图18-1所示。

将装有样品的平底玻璃管悬挂在天平的一端，样品的底部处于磁铁两极的中心，此处磁场强度最强。样品的另一端应处在磁场强度可忽略不计的位置，此时样品处于一个不均匀磁场中。沿样品管轴心方向 z 存在一个磁场强度梯度 $\dfrac{dH}{dz}$，若忽略空气的磁化率，则作用于样品管上的力 f 为

$$df = \vec{B}' \cdot \frac{dH}{dz} \cdot dV = \mu_0 \chi H \frac{dH}{dz} S dz = \mu_0 \chi S H dH$$

$$f = \int_0^H \mu_0 \chi S H dH = \frac{1}{2} \mu_0 \chi S H^2$$

式中，S 为样品的截面积。

设空样品管在不加磁场与加磁场时质量分别为 $m_{空}$ 与 $m'_{空}$，样品管装样品后在不加磁场与加磁场时质量分别为 $m_{样+空}$ 与 $m'_{样+空}$，有

$$\Delta m_{空} = m'_{空} - m_{空}$$

$$\Delta m_{样+空} = m'_{样+空} - m_{样+空}$$

因

$$f = (\Delta m_{样+空} - \Delta m_{空}) g = \frac{1}{2} \mu_0 \chi S H^2$$

故

$$\chi = \frac{2(\Delta m_{样+空} - \Delta m_{空}) g}{\mu_0 S H^2}$$

又因

$$\chi_M = \frac{\chi M}{\rho}, \quad \rho = \frac{m_0}{hS}$$

所以

$$\chi_M = \frac{M}{\rho} \chi = \frac{2(\Delta m_{样+空} - \Delta m_{空}) g h M}{\mu_0 m_0 H^2} \tag{18-12}$$

式中，h 为样品的实际高度；m_0 为样品不加磁场时的质量；M 为样品分子的摩尔质量；g 为重力加速度；H 为样品管底部的磁场强度，因测量磁感应强度时毫特计的霍尔探头不能接触样品管底部，所以 H 不能用毫特计直接测量，只能用已知质量磁化率的标准样品间接标定。本实验采用莫尔氏盐进行标定，其单位质量磁化率的关系式为 $\chi_m = 4\pi \times \dfrac{9500}{T+1} \times 10^{-9}$ $m^3 \cdot kg^{-1}$（T 为热力学温度）。

三、仪器与试剂

古埃磁天平（含毫特计、电磁铁与电子天平） 　　　　　　　　　　一台

| 平底软质玻璃样品管 | 一支 |
| 装样品工具（包括研钵、角匙、小漏斗、竹针、脱脂棉及橡皮垫等） | 一套 |

$K_4Fe(CN)_6 \cdot 3H_2O$（分析纯）　　$FeSO_4 \cdot 7H_2O$（分析纯）

莫尔氏盐$(NH_4)_2SO_4 \cdot FeSO_4 \cdot 6H_2O$（分析纯）

四、实验步骤

磁天平中磁场由电磁铁产生，通过调节励磁电流来改变电磁铁的磁感应强度（$\vec{B}$）。将磁极间距调到合适距离后，再将测量磁感应强度的霍尔探头固定至磁极间隙中，使之尽量接近磁极中心线，准确的磁感应强度需用莫尔氏盐进行标定。由于当励磁电流一定时，磁极间距的宽窄和霍尔探头放置的位置会影响磁感应强度，所以在实验中不得变动两磁极间的距离及霍尔探头的位置，否则要重新标定磁感应强度。具体操作步骤如下：

1. 打开古埃磁天平（电磁铁与电子天平）的电源开关，预热 30min。

2. 取一支清洁、干燥的空样品管悬挂在古埃磁天平的挂钩上，使样品管底部正好与磁极中心线平齐，在无磁场情况下准确称取空样品管的质量；然后，由小至大缓慢调节励磁电流，使磁感应强度为 280mT，准确称取此时空样品管的质量；继续缓慢调节励磁电流，使磁感应强度为 380mT，再称质量；接着按同法调节励磁电流，使磁感应强度为 400mT，接着将磁感应强度缓降至 380mT，再称空样品管的质量；然后将磁感应强度缓降至 280mT，再称质量；称毕，将励磁电流缓慢降至零，最后再一次称取空样品管的质量。上述励磁电流由小到大再由大到小的测定方法，是为了抵消实验时磁场剩磁现象的影响。

同法重复测定一次。

3. 取下样品管，将预先用研钵研细的莫尔氏盐通过小漏斗装入样品管。在装填时要不断将样品管底部轻击橡皮垫，使粉末样品均匀填实。样品高度 12cm 左右为宜，用直尺准确测量样品高度 h（精确至 mm）。同上法将装有莫尔氏盐的样品管置于古埃磁天平中，称量操作同实验步骤 2。同法重复测定一次。

测定完毕，将样品管中的莫尔氏盐倒回试剂瓶中，然后洗净样品管，干燥备用。

4. 在同一样品管中，分别装入 $FeSO_4 \cdot 7H_2O$ 和 $K_4Fe(CN)_6 \cdot 3H_2O$，重复上述实验步骤 3。

五、注意事项

1. 在调节励磁电流时，转动调节器动作要缓慢。在电源打开或关闭前，调节器都应旋至最小，以免电流突变损坏仪器及励磁线圈的反电动势击穿硅管。

2. 称量时，必须关上天平及电磁铁的玻璃门，避免空气流动对测定产生影响。

3. 切勿变动磁极间距及霍尔探头的位置，加磁场时必须使样品管底部处于两磁极中心位置，不与磁极和霍尔探头接触。

4. 装在样品管内的粉末样品要均匀紧密，上下一致，样品端面平整，使样品高度测量准确。

5. 由于样品要重复使用，在装样和回收样品时，小心操作，避免污染样品。

6. 在本实验中，古埃磁天平上液晶显示的磁场强度实际上是磁感应强度，量纲为 mT。而在标定磁场强度时，利用式(18-12)计算的 H 为磁场强度，其量纲为 $A \cdot m^{-1}$，非磁感应强度。在空气中，二者关系为 $\vec{B} = \mu_{空} \vec{H} \approx \mu_0 \vec{H}$。

六、实验原始数据记录

室温：_____ 大气压：_____

项目	h/cm	$\vec{B}$/mT	m/g				m（平均）/g
			$\vec{B}\nearrow$		$\vec{B}\searrow$		
			I	II	I	II	
空管		0					
		280					
		380					
空管＋莫尔氏盐		0					
		280					
		380					
空管＋硫酸亚铁		0					
		280					
		380					
空管＋亚铁氰化钾		0					
		280					
		380					

七、实验数据处理

1. 由莫尔氏盐的单位质量磁化率 $\chi_m = 4\pi \times \dfrac{9500}{T+1} \times 10^{-9} \, m^3 \cdot kg^{-1}$ 和实验数据，根据式(18-12)计算相应励磁电流下的磁场强度值（$A \cdot m^{-1}$）。

2. 由 $FeSO_4 \cdot 7H_2O$ 和 $K_4Fe(CN)_6 \cdot 3H_2O$ 的测定数据，根据式(18-12)计算其 χ_M，并与文献值比较计算相对误差。

3. $\chi_m > 0$ 时，由式(18-10)和式(18-11)计算化合物相应 μ_m 及其未成对电子数 n。根据未成对电子数，讨论 $FeSO_4 \cdot 7H_2O$ 和 $K_4Fe(CN)_6 \cdot 3H_2O$ 中 Fe^{2+} 的最外层电子组态及所处的配位场强弱。

八、思考题

1. 试比较在相同励磁电流下用毫特计测得的和莫尔氏盐标定的磁感应强度的数值，并分析两者有结果差异的原因。

2. 不同励磁电流下测得的样品摩尔磁化率是否相同？为什么？

九、文献值

物质	$FeSO_4 \cdot 7H_2O$	$K_4Fe(CN)_6 \cdot 3H_2O$
$\chi_{M}/\times 10^{-9} \, m^3 \cdot mol^{-1}$	140.7（20℃）	－2.165（室温）

摘自：复旦大学等编. 物理化学实验. 第2版. 北京：高等教育出版社，1995.461.

实验十九

偶极矩的测定

一、实验目的
1. 理解测定偶极矩的原理、方法和计算。
2. 掌握溶液法测定偶极矩的主要实验技术。

二、实验原理

1. 偶极矩和极化度

分子极性的大小常用偶极矩 $\boldsymbol{\mu}$ 来度量，其定义为

$$\boldsymbol{\mu} = q \cdot \boldsymbol{r} \tag{19-1}$$

式中，$\boldsymbol{r}$ 为分子正电荷中心指向负电荷中心的矢量；q 为正、负电荷中心所带的电荷量。偶极矩的 SI 单位是库仑·米（C·m），在 CGSE 单位制中的单位是德拜（Debye），两种单位的换算关系为：$1\text{Debye} = 3.334 \times 10^{-30}\,\text{C·m}$。现在习惯上使用的单位是德拜（Debye）。

由电学原理可知，相隔一定距离的两片平行金属极板带有正、负电荷时，极板间会产生垂直于极板方向的电场，电场强度的大小与两极板间存在的物质有关。设真空时两极板间的电场强度为 E_0，当充有某种物质（电介质）时，由于极化作用，电场强度将减弱到 E，E_0 与 E 的比值称为电介质的相对介电常数，用 ε 表示，即

$$\varepsilon = \frac{E_0}{E} \tag{19-2}$$

ε 是反映物质电性质的一个重要物理常数，与物质在电场中的极化程度相关。

极板间电场强度减小是由电介质分子在电场中极化引起的，电介质极化后产生的平均偶极矩的方向和外加电场的方向相反，抵消了一部分外加电场。因此，ε 通常是大于 1 且量纲为 1 的纯数，并且极化作用愈大，其值也愈大。

电介质在电场中的极化程度可用摩尔极化度 P_m 来衡量，P_m 与 ε 的关系已由克劳修斯(Clausius)-莫索第(Mosotti)-德拜(Debye) 公式给出

$$P_\text{m} = \frac{\varepsilon - 1}{\varepsilon + 2} \times \frac{M}{\rho} \tag{19-3}$$

式中，M 和 ρ 分别为物质分子的摩尔质量和密度。

非极性分子在电场中的极化，包括电子极化（外层电子云变形）和原子极化（原子核和内层电子形成的分子骨架变形）两部分，二者之和称为诱导极化（或变形极化）。极性分子除诱导极化外，还包括其永久偶极矩在电场中取向发生转变而产生的极化，称为转向极化。因此，在电场中由极性分子构成的电介质摩尔极化度应为三部分极化度之和，即

$$P_\text{m} = P_\text{e} + P_\text{a} + P_\mu \tag{19-4}$$

下标 e、a 和 μ 依次指电子、原子和偶极矩。对于非极性分子，等号右边第三项等于零。

摩尔转向极化度 P_μ 与分子的永久偶极矩 μ 的平方成正比，与热力学温度 T 成反比

$$P_\mu = \frac{1}{4\pi\varepsilon_0} \times \frac{4}{3}\pi N_\text{A} \times \frac{\mu^2}{3kT} \tag{19-5}$$

式中，k 为玻尔兹曼常数；N_A 为阿伏伽德罗常数；ε_0 为真空介电常数。由此可见，若能通过实验测量得到 P_μ，则可计算出极性分子的永久偶极矩 μ。

如何从测定的摩尔极化度 P_m 中区分出 P_μ 的贡献呢？在频率小于 10^{10} Hz 的低频电场中，测得的极性分子所产生的摩尔极化度为 P_e、P_a 和 P_μ 的总和。当交变电场的频率提高到红外频率范围（$10^{12} \sim 10^{14}$ Hz）后，极性分子的转向运动跟不上电场的变化，此时 $P_\mu = 0$，于是摩尔极化度中就只有 P_e 和 P_a 的贡献了。因此在低频电场中测得的极性分子的摩尔极化度减去在红外频率范围内测得的极性分子的摩尔极化度就等于 P_μ，但这在实验操作上有困难。若将交变电场的频率提高到大于 10^{15} Hz 的可见光和紫外频率范围，原子极化也停止了，此时摩尔极化度中只剩下 P_e 的贡献了。由于与 P_e 和 P_μ 相比，P_a 是很小的，故可以忽略 P_a 对摩尔极化度的贡献，用极性分子在低频电场中测得的摩尔极化度 P_m（低频）减去在高频电场中测得的摩尔极化度 P_e 得到 P_μ，即

$$P_\mu \approx P_m(\text{低频}) - P_e$$

其中，P_e 很容易根据折射率求得，根据麦克斯韦（Maxwell）理论，在同一频率下

$$\varepsilon = n^2 \tag{19-6}$$

式中，n 是物质的折射率，故 P_e 实际上正是物质的摩尔折射度 R

$$P_e = \frac{\varepsilon - 1}{\varepsilon + 2} \times \frac{M}{\rho} \longleftrightarrow P_e = R = \frac{n^2 - 1}{n^2 + 2} \times \frac{M}{\rho} \tag{19-7}$$

于是式（19-5）可写成

$$P_m(\text{低频}) - R = \frac{1}{4\pi\varepsilon_0} \times \frac{4}{3}\pi N_A \frac{\mu^2}{3kT} \tag{19-8}$$

将有关常数代入，可得

$$\mu = 0.0427 \times 10^{-30} \sqrt{[P_m(\text{低频}) - R]T} \quad (\text{C·m})$$

或 $$\mu = 0.0128 \sqrt{[P_m(\text{低频}) - R]T} \quad (\text{Debye}) \tag{19-9}$$

上式只适用于稀薄气体，对密度较大的物质（如液体）是不适用的，但是对于极稀溶液中的溶质，如果溶剂与溶质间无特殊相互作用，上式亦可近似应用，这就是本实验采用溶液法测定偶极矩的根据。

2. 溶液法测定偶极矩

根据极化度的加和性，由混合定律可得

$$P_{12} = x_1 P_1 + x_2 P_2 \tag{19-10}$$

式中，P_{12}、P_1 与 P_2 分别为溶液、溶剂与溶质的摩尔极化度；x_1 与 x_2 分别为溶剂与溶质的摩尔分数。将上式中的 P_{12}、P_1 用相应的 ε、ρ 和 M 表达，并进行重排

$$P_2 = \frac{1}{x_2}\left[\frac{\varepsilon_{12} - 1}{\varepsilon_{12} + 2} \times \frac{M_1 x_1 + M_2 x_2}{\rho_{12}} - \frac{\varepsilon_1 - 1}{\varepsilon_1 + 2} \times \frac{M_1 x_1}{\rho_1}\right] \tag{19-11}$$

式中，ε_{12} 与 ε_1 分别为溶液与溶剂的介电常数；ρ_{12} 与 ρ_1 分别为溶液与溶剂的密度；M_1 与 M_2 分别为溶剂与溶质分子的摩尔质量。

实际上只有当溶液无限稀释时，由式（19-11）求得的 P_2（表示为 P_2^∞）才比较接近于纯溶质处于气相时的极化度。然而，当溶液过稀时，实验时容易引入较大误差，因此通常是对一系列不太稀的溶液进行测定，然后通过作图或计算外推到 $x_2 = 0$，以求得 P_2^∞。

海德斯特兰（Hedestrand）曾指出，如果能得到 ε_{12} 和 ρ_{12} 随浓度 x_2 变化的函数关系，则可计算出 P_2^∞。实际上在稀溶液中，ε_{12}、ρ_{12} 及 n_{12} 与 x_2 近似呈线性关系

$$\varepsilon_{12} = \varepsilon_1(1+\alpha x_2) \tag{19-12}$$

$$\rho_{12} = \rho_1(1+\beta x_2) \tag{19-13}$$

$$n_{12} = n_1(1+\gamma x_2) \tag{19-14}$$

式(19-14)中的 n_{12} 与 n_1 分别为溶液与溶剂的折射率。将式(19-12)和式(19-13)代入式(19-11)，将式(19-6)代入式(19-11)的同时代入线性关系[即式(19-13)和式(19-14)]，然后求 $x_2 \to 0$ 的极限，即可得

$$P_m(\text{低频}) = P_2^\infty = \frac{3\alpha\varepsilon_1 M_1}{(\varepsilon_1+2)^2 \rho_1} + \frac{\varepsilon_1-1}{\varepsilon_1+2} \times \frac{M_2 - \beta M_1}{\rho_1} \tag{19-15}$$

$$R_2^\infty = \frac{6\gamma n_1^2 M_1}{(n_1^2+2)^2 \rho_1} + \frac{n_1^2-1}{n_1^2+2} \times \frac{M_2 - \beta M_1}{\rho_1} \tag{19-16}$$

α、β、γ、ε_1、ρ_1 和 n_1 根据 ε_{12}-x_2、ρ_{12}-x_2 及 n_{12}-x_2 关系求出。于是溶液法测定偶极矩的公式为

$$\mu = 0.0128\sqrt{(P_2^\infty - R_2^\infty)T} \text{ (Debye)} \tag{19-17}$$

3. 相对介电常数的测定

已知两个极板和其间的电介质会构成电容器，如之前所述，由于极化作用，电介质的加入会减弱电容器两个极板间的电场强度，如果维持极板上的电荷量不变，那么

$$\varepsilon = \frac{E_0}{E} = \frac{Q/C_0}{Q/C} = \frac{C}{C_0} \tag{19-18}$$

式中，Q 为电容器极板上的电荷量；C_0 为电介质为真空时的电容；C 为充以相对介电常数为 ε 的电介质时的电容。因为空气相对于真空的介电常数为 1.0006，所以实验中通常用以空气为电介质时的电容来代替 C_0。从上式可见相对介电常数 ε 可以通过测定电容后经计算得到。

测定电容的方法一般有电桥法、拍频法和谐振法，本实验采用电桥法，用小电容测量仪进行测定。由于小电容测量仪测定电容时，除电容器两极板间的电容 C 外，整个测试系统中还包括由导线和仪器结构等因素产生的分布电容 C_d，所以实验测量得到的电容为 C 和 C_d 之和，即

$$C' = C + C_d$$

C 与电介质有关，但 C_d 与电介质无关，对同一台仪器而言是一个定值。

故可用一已知相对介电常数的标准物质进行校正[本实验中为椅式环己烷，且 $\varepsilon_\text{标} = \varepsilon_\text{环} = 2.023 - 0.0016(t/℃-20)$]，校正方法和计算如下：

$$C'_0 = C_0 + C_d$$

$$C'_\text{标} = C_\text{标} + C_d$$

$$\varepsilon_\text{标} = \frac{C_\text{标}}{C_0}$$

将以上三式联立求解，可得

$$C_d = \frac{\varepsilon_\text{标} C'_0 - C'_\text{标}}{\varepsilon_\text{标} - 1} \tag{19-19}$$

由式(19-19)得到 C_d 后，再通过实验测量得到电介质存在时的电容 C'，就可以计算得到 C，进而得到其相对介电常数 ε。

从偶极矩的数据可以了解分子结构中电子云的分布和分子的对称性，可以用来鉴别分子

的几何异构体和解释分子的立体结构等问题。

三、仪器与试剂

阿贝折光仪	1 台	PGM-Ⅱ介电常数实验装置	1 套
超级恒温槽	1 台	容量瓶（10mL）	5 支
移液管（1mL）	1 支	滴管	6 根
环己烷（分析纯）	乙酸乙酯（分析纯）	电子天平	1 台

四、实验步骤

1. 溶液配制

用差量法或体积-密度计算法配制 5 种浓度的乙酸乙酯-环己烷溶液，分别盛于干燥的 10mL 容量瓶中，使其浓度（质量分数）分别为 0.0200、0.0500、0.0800、0.1200、0.1500 左右。

2. 折射率的测定

用阿贝折光仪测量溶液的折射率。测量时各样品需加样两次，每次读取两个数据。

3. 相对介电常数的测定

打开数字小电容测试仪的电源开关，预热 5min；

用丙酮清洗电容池及内、外电极间隙，并用电吹风（冷风）吹干，将电容池的上盖盖好；

用两根导线将电容池与数字小电容测试仪连接，注意仪器的内电极"C2"插座与电容池的"C2"插座相连，仪器的外电极"C1"插座与电容池的"C1"插座相连，特别注意：不测量时"C1"电极不连接；

待仪器的数字显示稳定后，按一下 采零 键，显示器显示"00.00"。

（1）空气电容 C_0' 的测定　连接外电极"C1"，待仪器的数字显示稳定后，读取电容值；然后拔下外电极"C1"插座，使数显回零；再连接外电极"C1"，读数。重复调节四次（四次电容值相差不超过 0.05pF）。

（2）标准物质电容 $C_{标}'$ 的测定　用滴管吸取纯环己烷加入电容池中，液体注入量为电容池容量的 2/3 为宜，盖好上盖。连接外电极"C1"，在数据稳定后，读取电容值；然后拔下外电极"C1"插座，使数显回零；再连接外电极"C1"，读数（两次电容值相差不超过 0.05pF）。

打开电容池上盖，用滴管吸干电容池中的环己烷，置于回收瓶中。再重新装入纯环己烷，同上法再次测定电容值两次。

（3）溶液电容 $C_{溶}'$ 的测定　测定方法同（2）。

当更换样品时，在去掉电极间及电容池的溶液后，还要用电吹风（冷风）将电极间的空隙及电容池吹干。而且要再测定 C_0' 一次，与（1）的测定值相差不超过 0.05pF，否则，需再用电吹风继续吹，至残留溶液挥发殆尽。然后再加入待测溶液，测量电容值。

五、注意事项

1. 乙酸乙酯和环己烷易挥发，配制溶液时动作应迅速，溶液配好后应迅速盖上瓶塞，以免影响浓度。

2. 本实验所用溶液需防水分的侵入，所配制溶液的器具需干燥，配制的溶液应透明不浑浊。

3. 测定电容时，应防止溶液挥发及吸收空气中极性较大的水汽，以免影响测定值。

4. 电容池各部件的连接应注意绝缘，不测量时，拔下外电极"C1"的一端。

5. 更换溶液测定电容 C'_x 时，一定要将电容池和内、外电极吹干，不能有残留溶液，以免影响电容值。

6. 测定折射率时，应注意阿贝折光仪棱镜上不能触及硬物（如滴管等），每测完一个样品都要用洗耳球将棱镜表面吹干。

六、实验原始数据记录

室温：_____ 大气压：_____ 实验温度：_____

项目	1	2	3	4	5
$m_{空瓶}/g$					
$V_{乙酸乙酯}/mL$					
$m_{空瓶}+m_{乙酸乙酯}/g$					
$V_{环己烷}/mL$		加至10mL容量瓶的刻度			
$m_{空瓶}+m_{乙酸乙酯}+m_{环己烷}/g$					

电容 C'_0				电容 $C'_{标}$			
Ⅰ	Ⅱ	Ⅲ	Ⅳ	Ⅰ	Ⅱ	Ⅲ	Ⅳ

序号	折射率 n_{12}				电容 C'_x			
	Ⅰ	Ⅱ	Ⅲ	Ⅳ	Ⅰ	Ⅱ	Ⅲ	Ⅳ
1								
2								
3								
4								
5								

七、实验数据处理

1. 计算各溶液的摩尔分数 x_2。
2. 计算各溶液的密度 ρ_{12}。
3. 计算各溶液折射率的平均值 $\bar{n}_{12}$。
4. 计算 C'_0 及 $C'_{标}$ 的平均值，计算 C_0、C_d。
5. 计算 C'_x 的平均值，计算各溶液的电容 C_x 和相对介电常数 ε_{12}。
6. 将上述各值填于下表中

样品	1	2	3	4	5
x_2					
$\rho_{12}/\text{g}\cdot\text{mL}^{-1}$					
$\overline{n}_{12}$					
C_d/pF					
C_0/pF					
C_x/pF					
ε_{12}					

(1) 由上表，作 ρ_{12}-x_2 图，求出 ρ_1 和 β 值；作 $\overline{n}_{12}$-x_2 图，求出 n_1 和 γ 值；作 ε_{12}-x_2 图，求出 ε_1 和 α 值。

(2) 将 α、β、γ、ε_1、ρ_1 和 n_1 等数据代入式(19-15)～式(19-17)，求算出偶极矩 μ，并根据文献值计算偶极矩 μ 的相对误差。

八、思考题

1. 测定溶质的摩尔极化度和摩尔折射度时，为什么要外推至无限稀释？
2. 测量中为什么溶液的浓度不能太高（溶液的摩尔分数小于 0.2000）？
3. 用电吹风吹干电极间的空隙及电容池时，为什么不能用热风？

九、文献值

物质	乙酸乙酯
μ/Debye	1.78(20℃)

摘自：复旦大学等编. 物理化学实验. 第2版. 北京：高等教育出版社，1995.462.

实验二十

半经验分子轨道计算

一、实验目的

1. 通过简单 Hückel 分子轨道（HMO）理论对几个有机共轭分子和半经验自洽场分子轨道理论方法对小分子体系的计算，初步了解量子化学计算如结构优化、振动分析、单点能计算等的基本过程，及其在研究分子的结构-性能关系、反应机理等方面的基本应用。

2. 用 HMO 法计算 C、H 共轭分子和含杂原子的共轭体系的能量、分子轨道、电荷密度、键级及自由价，作出分子图，并预测分子的化学性质。

3. 用自洽场半经验分子轨道方法 AM1 和 PM3 寻找甲醛分子异构化反应的过渡态，计算反应体系的能量学，确定反应的势能曲线。

二、实验原理

1. 分子轨道计算方法简介

量子化学计算，利用电子结构理论方法计算分子体系的电子结构及有关性质。电子结构理论主要包括分子轨道理论、价键理论和密度泛函理论。

分子轨道理论方法是量子化学计算的常用基本方法之一。根据分子轨道理论，通过求解分子体系的薛定谔方程，得到分子轨道波函数和相应的能量，以及分子的电子结构和体系总能量，并通过进一步计算得到电荷密度分布、电子的电离能、键级、偶极矩、几何构型以及分子的势能面等信息。

较粗糙的是简单分子轨道法。它采用电子独立运动模型，即忽略了多电子哈密顿中的电子排斥和核-核排斥项，且体系的近似波函数用单电子函数（分子轨道）的简单乘积表示，大大简化了有关计算。但由于完全忽略了电子间的库仑和交换相关，其近似程度较大，所以只有定性或半定量的意义。HMO法基于此做更进一步的近似，所以也是一种简单分子轨道法，且较适用于计算共轭分子。虽然近似程度大，但对定性讨论有机共轭分子同系物性质规律很有用，长期以来一直是理论有机化学中经常使用的半经验计算方法。根据计算结果可分析有机共轭分子的结构与性能的关系，如稳定性、电子光谱及化学反应能力等。在生物化学、药物化学、聚合物材料中也得到广泛的应用。

HMO法是1931年由E. Hückel提出的经验性近似方法。由于平面共轭分子中σ键和π键相对于分子平面的对称性不同，可以将共轭分子中σ键和π键分开处理。假定π电子是在核和σ键形成的分子骨架中运动，π电子状态决定分子的与共轭有关的性质。忽略π电子之间的相互作用后，第i个π电子的运动状态可用π分子轨道ψ_i描述，单电子薛定谔方程为

$$\hat{H}_\pi \psi_i = E_i \Psi_i \tag{20-1}$$

分子轨道ψ_i由所有n个垂直分子平面的各p_π原子轨道ϕ_j线性组合而成

$$\psi_i = \sum_{j=1}^{n} C_{ij} \phi_j \tag{20-2}$$

应用线性变分法得到久期方程组

$$\sum_{j=1}^{n} (H_{ij} - ES_{ij}) C_{ij} = 0 \quad (i=1,2,3,\cdots,n) \tag{20-3}$$

式中，$H_{ij} = \int \phi_i \hat{H}_\pi \phi_j \mathrm{d}\tau$，$S_{ij} = \int \phi_i \phi_j \mathrm{d}\tau$。久期方程组为关于组合系数$C_{ij}$的线性齐次方程组，有非零解的条件为其系数行列式为零，因而得久期行列式方程为

$$|H_{ij} - ES_{ij}| = 0 \quad (i,j=1,2,3,\cdots,n) \tag{20-4}$$

Hückel对上述方程中的矩阵元做了以下进一步的近似：

(1) 忽略所有原子轨道的重叠积分，即不同原子轨道间的重叠积分S_{ij}均取为0。

$$S_{ij} = \delta_{ij} = \begin{cases} 1 & \text{当}\ i=j \\ 0 & \text{当}\ i \neq j \end{cases} \tag{20-5}$$

(2) 所有库仑积分$H_{ii} = \alpha$；原子i与j相邻时，交换积分$H_{ij}(i \neq j)$为β，i与j不相邻时，H_{ij}为0，即

$$H_{ij} = \begin{cases} \alpha & \text{当}\ i=j \quad \text{（库仑积分）} \\ \beta & \text{当}\ i=j\pm1 \\ 0 & \text{其他} \end{cases} \text{（交换积分）} \tag{20-6}$$

式中，α和β都是经验参数。式(20-3)的矩阵式为$(H-EI)C=0$，其中H、C和I分别为哈密顿、系数矩阵和单位矩阵。为了方便数值解的程序化，设$\dfrac{\alpha - E}{\beta} = x$，代入此式，则久期方程(20-3)变为

$$H'C = -xC \tag{20-7}$$

式(20-7)即分子的邻接矩阵 H' 的特征方程。注意到 $\beta<0$，当选取 α 为能量零点，$|\beta|$ 为能量单位时，各 π 分子轨道能级能量 $E_i=x_i$。

例如，丁二烯的久期方程为

$$\begin{pmatrix} x & 1 & 0 & 0 \\ 1 & x & 1 & 0 \\ 0 & 1 & x & 1 \\ 0 & 0 & 1 & x \end{pmatrix}\begin{pmatrix} C_1 \\ C_2 \\ C_3 \\ C_4 \end{pmatrix}=0 \Rightarrow \begin{pmatrix} 0 & 1 & 0 & 0 \\ 1 & 0 & 1 & 0 \\ 0 & 1 & 0 & 1 \\ 0 & 0 & 1 & 0 \end{pmatrix}\begin{pmatrix} C_1 \\ C_2 \\ C_3 \\ C_4 \end{pmatrix}=-x\begin{pmatrix} C_1 \\ C_2 \\ C_3 \\ C_4 \end{pmatrix} \tag{20-8}$$

当体系中含有杂原子 X 时，将对库仑积分和共振积分都有影响

$$\alpha_X=\alpha+h_X|\beta| \qquad \beta_{XY}=k_{XY}|\beta|$$

原子	—N=	—N—	—O—	=O	—F	—Cl
h_X	−0.51	−1.37	−2.09	−0.97	−2.71	−1.48

键	—N=C	C—N	C—O	C=O	C—F	C—Cl
k_{XY}	−1.02	−0.89	−0.66	−1.06	−0.52	−0.62

如上所述，解久期方程即为求分子的邻接矩阵的特征值及特征向量。邻接矩阵为实对称矩阵，可采用数值方法，如 Jacobi 法，求得其一系列特征值的负值即为分子轨道能量 E_i，特征向量 C 就是式(20-2)中相应的分子轨道 ψ_i 中各原子轨道系数 C_{ij} 组成的列向量。这样，π 电子体系的总能量是

$$E_\pi=\sum_i n_i E_i \tag{20-9}$$

式中，n_i 是第 i 个分子轨道的电子占据数（$i=0$，1 或 2），π 体系总的波函数是

$$\psi_\pi=\psi_1(1)\psi_2(2)\cdots\psi_n(n) \tag{20-10}$$

由分子轨道系数 C_{ij} 可求得一系列量子化学指数：

(1) 电荷密度

$$\rho_i=\sum_k n_k C_{ki}^2 \tag{20-11}$$

式中，n_k 表示在 ψ_k 中的电子数；C_{ki} 为分子轨道 ψ_k 中各原子轨道前的系数；ρ_i 为 π 电子在各原子附近出现的概率。

(2) π 键键级

$$P_{ij}=\sum_k n_k C_{ki} C_{kj} \tag{20-12}$$

P_{ij} 反映原子 i 和 j 间键的强度。

(3) 自由价

$$F_i=F_{\max}-\sum_i P_{ij} \tag{20-13}$$

F_i 表示第 i 个原子剩余成键能力的相对大小；一般取 $F_{\max}=\sqrt{3}$；$\sum_i P_{ij}$ 为原子 i 与其邻接的原子间 π 键级之和，将 ρ_i、P_{ij}、F_i 标在共轭分子结构图上，即为分子图，可预测分子的某些性质。

相比之下，自洽场（SCF）分子轨道方法比 HMO 法严格，它的电子哈密顿中明确包含电

子间和核与核的排斥能。根据近似程度的不同，自洽场（SCF）分子轨道计算方法又可分为从头计算法（ab initio）和半经验方法两大类。前者，在非相对论近似、Born-Oppenheimer 近似和轨道近似基础上，基于几个基本的物理常数，而不用经验参数，对所有的积分不忽略，严格求解 Hartree-Fock-Roothann 方程。因此从头计算是这类方法中最为严格的一类。而自洽场半经验计算方法，如 CNDO、INDO、MINDO、MNDO、MNDO-d、AM1、PM3～PM7 等，只处理价电子及价轨道，内层电子与原子核一起看作原子实，并将从头计算法中包含的不同原子轨道的积分（称微分重叠）不同程度地予以忽略，或用实验拟合参数代替，可应用于很大分子性质的计算。它们最早在 20 世纪 60 年代由 Pople 等，70～80 年代 Dewar 和 Stewrt 等相继提出来。

2. 势能面与过渡态理论

量子化学中可以证明，在 Born-Oppenheimer 近似下，电子运动的能量（含核-核排斥能）是核运动的势能，它是核坐标的函数。在多原子分子中，此函数的几何图像是多维空间的超曲面，称为势能面。

过渡态理论是 1935 年由艾林（Eyring）和波兰尼（Polanyi）等人在量子力学和统计热力学的基础上提出来的。他们认为由反应物分子变成生成物分子，中间一定要经过一个过渡态，而形成这个过渡态必须吸取一定的活化能，这个过渡态就称为活化络合物，所以过渡态理论又称为活化络合物理论。过渡态的几何特征是势能面上的一级鞍点。即对反应坐标来说，它是能量极大值，而对其他所有坐标来说，它都是能量极小值。以反应坐标为横坐标，势能为纵坐标，画出的图可以表示反应过程中体系势能的变化，这是一条能量最低的途径，如图 20-1 和图 20-2 所示。

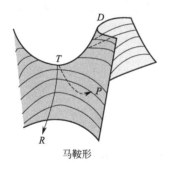

图 20-1　反应势能面示意图

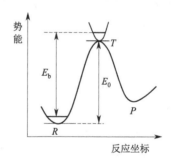

图 20-2　势能面剖面图

3. 量化计算的常见类型

量化计算的常见类型有：单点能计算、几何优化和频率计算（振动分析）。在指定的几何构型下计算能量称为单点能计算；寻找能量最低的几何构型称为几何优化；而在一定的构型下计算各振动模式的振动频率，就是频率计算。在极值点（驻点）处，能量对坐标的一阶导数都等于零。在能量极小点处的所有方向上，能量对坐标的二阶导数（力常数 k）应该为正值，因此对应实的频率值。而过渡态在一个方向上为极大，在其他方向都为极小，所以仅有一个虚频率。

三、计算软件与仪器

本实验中使用自编 HMO 程序，以及剑桥软件公司（Cambridge Soft Corporation）的 Chemoffice 软件。其中 CS Chem3D 模块包括了半经验量化计算程序包 MOPAC，可以进行半经验 AM1 和 PM3 等计算。

使用双核微型计算机，Windows 2000 以上操作系统。

四、实验步骤

1. HMO 法计算丁二烯、苯、吡啶和萘等平面共轭分子

（1）计算前预先将共轭原子用数字编号（丁二烯中将 C 原子按碳链顺序编号，苯和吡啶的原子编号如图 20-3 和图 20-4 所示），并准备好输入文件 HMO.in；按顺序在输入文件中输入如下信息：

图 20-3　苯分子中的原子编号　　图 20-4　吡啶分子中的原子编号

① 分子名称、共轭原子总数；

② 连接信息、非连接信息、杂原子的类号和库仑积分参数、杂原子和相邻原子类号及共振积分参数、杂原子在分子中的编号及类号。

其中，连接信息是指分子中相连，但原子编号不按顺序连接的两个原子的编号。非连接信息是指原子编号连续，而在分子中不相连的两个原子编号。C 的类号固定为 1，杂原子的类号由自己指定，与 C 的区别就行。上述每项中均以相应个数的 0 表示输入结束，若没有该项，则直接输入相应个数的 0。

例如，如上编号后的吡啶分子，若将其中 N 的类号定为 2，则其输入文件内容为

"Pyridine", 6,

1, 6, 0, 0, 0, 0,

2, 0.51, 0, 0,

1, 2, 1.02, 0, 0, 0,

1, 2, 0, 0

对于苯分子，则按上图编号，其输入文件为：

"C6H6", 6, 1, 6, 0, 0, 0, 0, 0, 0, 0, 0, 0, 0, 0

对丁二烯分子，若将四个共轭原子按从左至右顺序编号，则

"C4H6", 4, 0, 0, 0, 0, 0, 0, 0, 0, 0, 0, 0, 0

（2）数据核对无误后，在 Windows 操作系统中，进入 QBASIC 路径，运行 QBASIC 程序，用鼠标选择 HMO 程序，按 F5 功能键运行程序。由屏幕输出相应的邻接矩阵、屏幕上显示电荷密度、键级、自由价、分子轨道系数及相应的分子轨道能量、总的 π 电子能量等计算结果。此步亦可在 Matlab 中执行。

若发现邻接矩阵有错误，可输入行号、列号及相应的矩阵元进行修改。

（3）按上述步骤分别计算丁二烯（C_4H_6）、苯（C_6H_6）、萘（$C_{10}H_8$）、吡啶等分子的电荷密度、键级、自由价、分子轨道系数及相应的分子轨道能量。

（4）按 Alt＋F 键及 X 键，退出 HMO 程序，返回到 Windows 操作系统。

2. 用自洽场半经验分子轨道法 AM1 和 PM3 寻找甲醛分子异构化反应的过渡态及势能曲线

（1）在 CS Chem3D 软件中构建出 H_2CO、HCOH 分子，并用 MOPAC 软件中的 AM1

和 PM3 方法优化并计算它们的性质,并且注意比较不同异构体之间性质的差异。

(2) 优化从 H_2CO 原子重排到 HCOH 的过渡态结构。用半经验法 AM1 和 PM3 寻找、优化和确证过渡态结构。

在优化好反应物和产物结构后分三步逼近过渡态结构。在优化的甲醛(H_2CO)结构中,C—H 键长是 0.111nm,在优化的 HCOH 中 H—O 键长是 0.0975nm。考虑到过渡态应该是在这两个驻点的中间的某个位置,那么 0.16nm 为 C—H 键断开、0.15nm 为 H—O 键以及 0.13nm 为另一个 C—H 键长将会是一个很好的猜测,猜测出来的过渡态结构如图 20-5 所示。初步猜测过渡态的 MOPAC 输入文件如表 20-1。

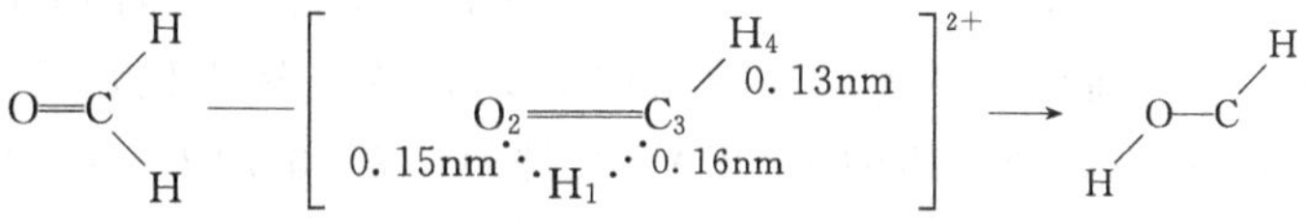

图 20-5 初步猜测的甲醛异构化反应的过渡态结构——从碳到氧的 1,2-氢迁移过程

表 20-1 初步猜测过渡态的 MOPAC 输入文件

AM1 ef t=10h singlet charge=0 gnorm=0.01									
TS for OCH$_2$ isomerization into HOCH									
H	0.0	0	0.0	0	0.0	0	0	0	0
O	1.5	0	0.0	0	0.0	0	1	0	0
C	1.6	0	47.0	1	0.0	0	1	2	0
H	1.3	1	167.2	1	180.0	1	3	2	1

表 20-1 输入文件中的第一行包含了关键词、体系的电子自旋状态、所选计算方法,以及容差限制条件(偏离势能面上驻点的程度)。AM1 表示要用 AM1 计算方法来优化,ef 表示本征矢量跟踪方法,梯度越小越好。其他的关键词不言自明。第二行为标题行,第三至第六行是 MOPAC 的 Z 矩阵,其中将要断裂的 C—H 键和将要形成的 O—H 键保持初步猜测值不变,而优化其他的结构参数。在第一步寻找过渡态结构后,详细的 Z 矩阵信息可以从"*.arc"输出文件中获得。

第二步用非线性最小二乘(NLLSQ)梯度极小化方法进一步猜测过渡态结构,其输入文件见表 20-2。尽管在没有用 xyz(完全用笛卡尔坐标优化)时优化也可以进行,但是加上这个关键词之后更容易收敛,因为在 NLLSQ 寻找过渡态时它可以消除由二面角定义几何时带来的缺陷。通常此步找到一个过渡态时,生成的 Z 矩阵(arc 输出文件)是为加 TS 关键词优化过渡态结构做准备的。本例中第三步用 TS 关键词优化精确过渡态的输入文件列在表 20-3 中。

表 20-2 用 NLLSQ 方法猜测过渡态结构的 MOPAC 输入文件

AM1 nllsq xyz t=10h singlet charge=0 gnorm=100.0									
TS for OCH$_2$ isomerization into HOCH									
H	0.000000	0	0.000000	0	0.000000	0	0	0	0
O	1.462500	0	0.000000	0	0.000000	0	1	0	0
C	1.666500	0	48.349205	1	0.000000	0	1	2	0
H	1.114073	1	115.558398	1	180.000000	1	3	2	1

此步优化过渡态结构需要加 TS 关键词和一个很低的 GNORM(在梯度和能量最小化方面的几何优化终止标准)。

表 20-3　优化过渡态的输入文件

```
AM1 TS t=10h singlet charge=0 gnorm=0.01
TS for OCH2 isomerization into HOCH
  H   0.0000000   0     0.000000   0     0.000000   0   0   0   0
  O   1.2637392   1     0.000000   0     0.000000   0   1   0   0
  C   1.2921193   1    62.017571   1     0.000000   0   2   1   0
  H   1.1006478   1   119.981222   1   179.999029   1   3   2   1
```

为了证实优化的结构对应能量极小或过渡态并获得热力学性质，还有一个步骤是必需的：对优化好的结构进行频率计算和热分析。频率计算需要加关键词 FORCE，热分析需要加关键词 THERMO，下面是已经优化好的结构的 Z 矩阵（从优化好的 arc 输出文件中获得）。对过渡态做频率计算和热分析的 MOPAC 文件列在表 20-4 中。从这些计算的输出文件中可以确定这的确是一个过渡态（力矩常数矩阵只有一个负本征值 -2608.99cm^{-1}，即只有一个虚频）。该虚频振动对应于原子 H1 从 C3 移动到 O2，表明这个过渡态结构在势能面上连接了两个极小点，即甲醛和甲醛异构体。而对优化好的反应物甲醛和产物甲醛异构体的频率计算和热分析的 MOPAC 文件，可按与表 20-4 类似的方法构建。

表 20-4　对过渡态做频率计算及热分析的输入文件

```
AM1 t=10h singlet charge=0 force thermo
TS for OCH2 isomerization into HOCH
  H   0.000000   0     0.000000   0      0.000000   0   0   0   0
  O   1.272111   1     0.000000   0      0.000000   0   1   0   0
  C   1.290803   1    62.368666   1      0.000000   0   2   1   0
  H   1.103145   1   120.089439   1   -170.956990   1   3   2   1
```

通过频率和热分析计算，配分函数、热容、焓、熵、生成热，这些量在不同的温度下的值都可以计算出来（表 20-5）。对优化的反应物和产物同样也可以做热分析从而可以计算出一些活化参数（活化能、活化焓以及熵的变化），这些值就可以直接与实验值相比较。

表 20-5　计算所得过渡态的热力学值

Temp. (K)	Partition Function	H. O. F. (kcal/mol)	Enthalpy cal/mol	Heat capacity cal/K/mol
298.00 Vib.	0.1065D+01		114.5138	1.2736
Rot.	0.1555D+04		888.2854	2.9808
Int.	0.1656D+04		1002.7992	4.2544
Tra.	0.1591D+27		1480.4756	4.9680
Tot.		62.889	2483.2748	9.2224

五、注意事项

1. 在用 HMO 法计算分子图时，分子中共轭原子编号虽然可以任意排列，但为了简化和便于核查结果，苯、吡啶和萘按图 20-6 编号。

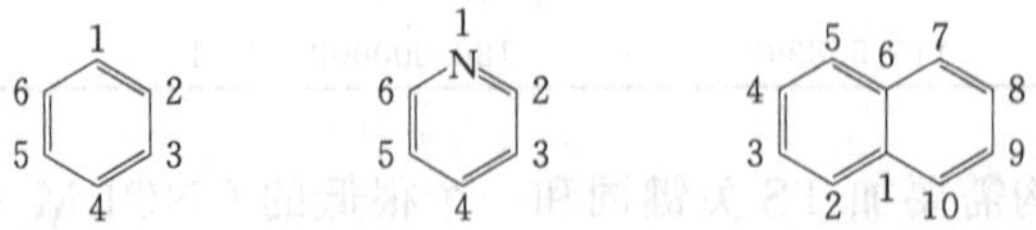

图 20-6　苯、吡啶、萘中原子编号

2. 在 MOPAC 计算中也可以在 ChemDraw 中先构建分子的平面图形，再读入到 Chem 3D 中执行。

六、实验数据处理

1. 根据丁二烯、苯、吡啶和萘的电荷密度、键级和自由价作出它们相应的分子图。
2. 由计算出的丁二烯的 π 分子轨道系数及相应的轨道能量，写出其分子轨道及相应的分子轨道能级。
3. 给出由 H_2CO 重排到 HCOH 过程的势能曲线、能量和几何构型。

七、思考题

1. 由丁二烯、苯、萘的分子图解释下列现象：
(1) 丁二烯有顺、反异构体的原因及 1、4 加成的化学反应性能。
(2) 苯为什么比烯烃稳定，较难进行加成反应？
(3) 为什么萘的 α 位（5、7 位）比 β 位（4、8 位）容易发生反应？
2. 过渡态的几何特征和物理特征是什么？

第三部分 综合实验

实验二十一

固体酒精的制备及其燃烧热的测定

一、实验目的

1. 了解固体酒精的制备原理。
2. 掌握固体酒精的制备方法。
3. 掌握用恒温式微机热量计测量固体酒精的燃烧热。

二、实验原理

硬脂酸与 NaOH 混合后发生下列反应：

$$CH_3(CH_2)_{16}COOH + NaOH \longrightarrow CH_3(CH_2)_{16}COONa + H_2O$$

反应生成的硬脂酸钠是一个长碳链的极性分子。室温下在酒精中不易溶解，但在较高温度下，硬脂酸钠可以均匀地分散在液体酒精中。冷却后形成凝胶体系，使酒精分子束缚于相互连接的大分子之间，呈不流动状态而使酒精凝固，形成固体酒精。

固体酒精燃烧热测定原理见实验二燃烧热的测定。

三、仪器与试剂

电热恒温水浴锅	1台	恒温式微机热量计	1台	精密温度计	1支
三颈烧瓶（150mL）	1只	回流冷凝管	1个	电动搅拌器	1台
烧杯（50mL）	2只	量筒（10mL、100mL）		各1个	
苯甲酸（分析纯）		硬脂酸（化学纯）	NaOH（分析纯）	酒精（工业品）	
CuSO$_4$（化学纯）		酚酞指示剂			

四、实验步骤

1. 固体酒精的制备

（1）配制一定量的 10%CuSO$_4$ 水溶液备用。配制 8%NaOH 水溶液并用工业酒精稀释一倍备用。

（2）在三颈烧瓶加入 100mL 工业酒精、4g 硬脂酸和 2～3 滴酚酞指示剂，然后在恒温

70℃的水浴锅里进行搅拌、回流，直至硬脂酸完全溶解。

（3）用滴管以先快后慢的方式向三颈烧瓶内滴加已配制好的 NaOH 混合液，滴至刚出现浅红色为止。继续恒温回流反应 10min 后加入 2.5mL 10% $CuSO_4$ 水溶液，再反应 5min 后停止加热。

（4）待溶液稍冷却后倒入小纸盒里，直至凝固成型。

2. 固体酒精燃烧热的测定

（1）用苯甲酸标定量热计的热容量。

（2）精确称取 0.75g 左右已制备的固体酒精，测定其燃烧热。

具体测定方法见实验二。

五、注意事项

1. 注意控制水浴的温度。
2. 一定要在硬脂酸完全溶解后方能滴加 NaOH 混合液。
3. 控制好滴加 NaOH 混合液的速度，并注意溶液颜色的变化，控制溶液的 pH 值为 8 左右。

六、实验原始数据记录

室温：_____　　　　大气压：_____

m（硬脂酸）/g=_____　　Q_V/J·g^{-1}=_____

七、实验数据处理

1. 根据恒温式微机热量计测定并计算的结果，计算实验温度下固体酒精的燃烧焓。
2. 比较实验测得燃烧焓值与文献值。

八、思考题

1. 能否直接将固体 NaOH 加入硬脂酸与工业酒精的混合液中？为什么？
2. 制备固体酒精除了使用硬脂酸为固化剂外，还有哪些物质也可作为固化剂？
3. 评价实验所制备的产品。

实验二十二
催化剂的制备及其析氢性能研究

一、实验目的

1. 掌握电沉积制备析氢催化剂的方法。
2. 初步掌握电催化析氢性能的研究及机理分析。

二、实验原理

人类社会消耗大量化石能源，温室气体的过度排放引发了严重的环境问题。为了维持全球经济的正常运行并保持生态平衡，必须寻找并发展新的清洁可持续能源替代化石能源。氢（H_2）能源作为一种清洁可再生能源，由于其具有能量密度大、来源广泛、零二氧化碳

(CO_2)排放和清洁可再生的优点,被认为是化石燃料的理想替代品。

电解水制氢采用资源丰富的水为原料,制备过程中不产生污染性的产物,并且制备条件相对温和,该方法已经形成了一定的工业规模,是目前最有发展前景的制氢方法之一。在传统的电解水中,阴极发生析氢反应(HER),阳极发生析氧反应(OER),理论分解电压为 1.23V(25℃,1.0atm)。然而,由于 HER 和 OER 的动力学比较缓慢(特别是 OER)而产生过电位,实际的分解电压远远高于 1.23V,从而使能量使用效率很低,限制了氢能源的大规模生产。

因此,降低过电位是提高制氢能源效率的重要方法。一般有两种方法:一是探索新型的阳极反应,该反应的电极电位比 OER 低;二是研制催化剂加速电极反应。通过这些方法可以降低产氢的分解电压,提高能源利用率。与需要较大电解电压来电解水相比,用某些更易于氧化的分子(例如尿素、肼、乙醇、甘油等)来代替水的电解,所需的理论电压要低得多,使电解氢生产过程更加节能。其中,尿素的成本低,并且尿素氧化反应(UOR)的理论电势低(0.37V),因此,在阳极利用尿素氧化反应代替氧气析出反应,与阴极结合来获得高性能的产氢系统成为理想的选择。另外,全电解尿素废水产氢设计不仅用于尿素辅助的析氢,还可以用于净化富含尿素的废水。为了实现更高效节能的电解析氢,设计高效、低成本的电催化剂以加快该过程的动力学,从而减少电解产氢生产过程所需的能量输入是重要的发展方向。基于这些考虑,用全电解尿素水代替全电解水,同时使用催化剂来提高产氢效率,对于解决目前面临的能源问题和环境问题具有重大意义。

本实验用恒电位法在玻碳电极表面沉积金属膜或合金膜,研制高性能催化剂,并研究其对电解水(酸性或碱性)或电解尿素水析氢的催化性能。

三、仪器与试剂

电化学工作站 1台 电解池 1个 石墨电极 1个 饱和甘汞电极 1个 汞/氧化汞电极 1个 玻碳电极(GCE,直径 3 mm) 1个 电极抛光布若干

硫酸 氢氧化钾 氯铂酸(H_2PtCl_6) 尿素 Al_2O_3抛光粉 乙醇 硫酸镍 硫酸钠

四、实验步骤

1. 载体电催化剂的制备

(1) 玻碳电极使用 Al_2O_3 抛光粉磨至镜面,并依次用水、乙醇、水超声清洗,干燥后使用。

(2) 电解质溶液为 2mmol·L^{-1} H_2PtCl_6 和 0.01mol·L^{-1} H_2SO_4,采用恒电位法(-0.2V)在 GCE 上沉积 Pt,通过控制沉积时间以控制沉积层的厚度,得到 Pt/GCE 电极。

(3) 电解质溶液为 0.5mmol·L^{-1} H_2PtCl_6·$6H_2O$ + 0.1mol·L^{-1} $NiSO_4$·$6H_2O$ + 0.2mol·L^{-1} Na_2SO_4,采用恒电位法(-0.35V)在 GCE 上沉积 Pt-Ni,通过控制沉积时间以控制沉积层的厚度(也可以通过改变盐的浓度控制 Pt/Ni 的比例),得到 Pt-Ni/GCE 电极。

电沉积在电化学工作站上进行,工作电极为玻碳电极(GCE),参比电极是饱和甘汞电极(SCE)电极,对电极为石墨电极。

2. 催化剂的电化学性能表征

(1) 电解质为 0.5mol·L^{-1} 硫酸溶液，1.0mol·L^{-1} 氢氧化钾溶液或 1.0mol·L^{-1} 氢氧化钾溶液＋0.5mol·L^{-1} 尿素，研究电极为 GCE，辅助电极为石墨电极，参比电极为饱和甘汞电极或氧化汞电极（酸性电解质为饱和甘汞电极，碱性电解质为氧化汞电极）。在电化学工作站上进行线性扫描（LSV），电位区间为 $-0.3\sim-0.6$V（酸性）或 $-0.7\sim-1.6$V（碱性），扫速为 5mV/s，记录极化曲线。同时测量阻抗图（EIS），频率范围为 $1\sim10^6$Hz。

(2) 电解质为 0.5mol·L^{-1} 硫酸溶液，1.0mol·L^{-1} 氢氧化钾溶液或 1.0mol·L^{-1} 氢氧化钾溶液＋0.5mol·L^{-1} 尿素，研究电极为 Pt/GCE，辅助电极为石墨电极，参比电极为饱和甘汞电极或氧化汞电极（酸性电解质为饱和甘汞电极，碱性电解质为氧化汞电极）。按与上述(1)相同的方式进行线性扫描。

(3) 电解质为 0.5mol·L^{-1} 硫酸溶液，1.0mol·L^{-1} 氢氧化钾溶液或 1.0mol·L^{-1} 氢氧化钾溶液＋0.5mol·L^{-1} 尿素，研究电极为 Pt-Ni/GC，辅助电极为石墨电极，参比电极为饱和甘汞电极或氧化汞电极（酸性电解质为饱和甘汞电极，碱性电解质为氧化汞电极）。按与上述(1)相同的方式进行线性扫描。

(4) 比较不同催化剂在同一电解质中的催化性能，同时比较同一催化剂在不同电解质中的催化性能，并分析原因。

3. 完成实验论文

完成实验论文。内容包括摘要、前言、实验部分、实验结果与讨论、结论以及参考文献。

五、注意事项

1. 配制硫酸溶液时，必须是将浓硫酸缓慢倒入水中而不是反向操作，并用玻璃棒不断搅拌，因为稀释浓硫酸是放热过程。
2. 玻碳电极每次超声的时间不能超过 5min。
3. 电极和电化学工作站连接的时候不能接错，红夹线：接辅助电极；绿夹线：接工作电极；白夹线：接参比电极；黑夹线：为地线。工作时红夹头和绿夹头不能直接连接。
4. 不能用手触摸制备的电极。

六、实验数据处理

1. 根据测试的 LSV 曲线，分析其析氢过电位。
2. 根据测试的 LSV 曲线，计算其 Tafel 斜率。
3. 根据测试的 EIS 曲线，比较不同催化材料的导电能力。
4. 比较测试值和文献值。

七、思考题

1. 在制备载体催化剂的时候，有哪些影响因素？
2. 通过线性扫描法可得到哪些主要的实验参数？其物理意义是什么？
3. 讨论不同催化剂、不同电解质对催化性能的影响。
4. 表征催化剂性能的方法有哪些？
5. 电解水制氢的催化剂有哪几类？有哪些制备方法？各有什么优缺点？
6. 分析氢析出反应的机理。

实验二十三

电动势法测定化学反应的热力学函数

一、实验目的

1. 掌握电动势法测定化学反应热力学函数值的原理和方法。
2. 测定化学电池不同温度下的电动势,计算电池反应的热力学函数 $\Delta_r G_m$、$\Delta_r H_m$ 和 $\Delta_r S_m$。
3. 掌握制备醌氢醌电极,并测定缓冲溶液的 pH 值。

二、实验原理

在恒温、恒压、可逆条件下,电池反应的吉布斯自由能变化 $\Delta_r G_m$ 与其电动势之间的关系为:

$$\Delta_r G_m = -zEF \tag{23-1}$$

式中,z 为电池反应的电子计量数;E 为电池的电动势;F 为法拉第常数。

$$\Delta_r S_m = -\left(\frac{\partial \Delta_r G_m}{\partial T}\right)_p \tag{23-2}$$

将式(23-1) 代入式(23-2) 中,得:

$$\Delta_r S_m = zF\left(\frac{\partial E}{\partial T}\right)_p \tag{23-3}$$

式中,$\left(\frac{\partial E}{\partial T}\right)_p$ 为电池电动势的温度系数。

$$\Delta_r H_m = \Delta_r G_m + T\Delta_r S_m = -zEF + zTF\left(\frac{\partial E}{\partial T}\right)_p \tag{23-4}$$

因此,在恒定压力下,测得不同温度时可逆电池的电动势,以电动势 E 对温度 T 作图,从曲线 E-T 上可以求任一温度下的 $\left(\frac{\partial E}{\partial T}\right)_p$,分别计算电池反应的热力学函数 $\Delta_r S_m$、$\Delta_r H_m$ 和 $\Delta_r G_m$。

本实验测定下面反应的 $\Delta_r S_m$、$\Delta_r H_m$ 和 $\Delta_r G_m$。

$$C_6H_4O_2 + 2HCl + 2Hg \longrightarrow Hg_2Cl_2 + C_6H_4(OH)_2$$

醌(Q)   氢醌(H_2Q)

醌氢醌 $H_2Q \cdot Q$ 是等分子的醌(Q) 和氢醌(H_2Q,对苯二酚) 所形成的化合物,在水中依下式分解

$$H_2Q \cdot Q \longrightarrow Q + H_2Q$$

醌氢醌在水中溶解度很小,加少许即可达饱和,在此溶液中插入一光亮铂电极即组成醌氢醌电极。相应的电极反应为:

$$Q + 2H^+ + 2e^- \longrightarrow H_2Q \tag{23-5}$$

很明显,醌氢醌电极的电极电势 $\varphi(Q|H_2Q)$ 与溶液的 pH 值有关,且只要溶液的 pH<8.5,醌氢醌电极的电极电势与溶液的 pH 值之间的关系可表示为:

$$\varphi(Q|H_2Q) = \varphi^{\ominus}(Q|H_2Q) - \frac{RT}{2F}\ln\frac{a(H_2Q)}{a(Q)a_{H^+}^2}$$

$$= \varphi^{\ominus}(Q|H_2Q) + \frac{RT}{F}\ln a_{H^+}$$

因此，将醌氢醌电极与甘汞电极组成电池，测得该电池电动势的温度系数 $\left(\frac{\partial E}{\partial T}\right)_p$，便可计算电池反应的 $\Delta_r G_m$、$\Delta_r H_m$、$\Delta_r S_m$ 以及电解质溶液的 pH 值。

三、仪器与试剂

UJ-25 直流电位差计	1台	WYS-01 精密基准稳压电源	1台
直流辐射式检流计	1台	超级恒温槽	1台
恒温水夹套三颈瓶	1个	精密温度计	1支
铂丝电极	1支	双盐桥饱和甘汞电极	1支

0.2mol·L^{-1} Na$_2$HPO$_4$ 溶液　　　　0.1mol·L^{-1} 柠檬酸溶液
醌氢醌（分析纯）　　　　饱和 KCl 溶液

四、实验步骤

1. 按实验九的原理接好测量电路。
2. 打开恒温槽，调节温度至设定温度（比室温高2~3℃）。
3. 量取 15mL 0.2mol·L^{-1} 的 Na$_2$HPO$_4$ 和 35mL 0.1mol·L^{-1} 的柠檬酸，倒入烧杯中，加入适量醌氢醌并搅拌均匀。待醌氢醌在溶液中溶解达到饱和后装入恒温水夹套三颈瓶内，按如图 23-1 所示插入铂电极和双盐桥饱和甘汞电极，组成下列电池。

$$Hg|Hg_2Cl_2(s)|KCl(饱和)||H^+,H_2Q\cdot Q|Pt$$

4. 恒温 20~30min 后，用电位差计测定该电池的电动势，重复测量三次，各次测定之差应小于 0.0002V，取三次结果的平均值。由恒温水夹套三颈瓶中的精密温度计读出测定温度。
5. 将恒温槽温度升高约 3℃，恒温 20~30min 后，测定电解质溶液的温度以及该温度下电池的电动势。
6. 每次均将恒温槽温度升高约 3℃，重复测定 5 个不同温度下的电池电动势。

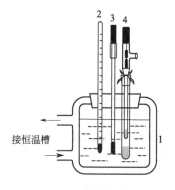

图 23-1　待测电池装置示意图
1—恒温水夹套三颈瓶；2—精密温度计；3—铂丝电极；
4—双盐桥饱和甘汞电极

五、注意事项

1. 注意在加入醌氢醌时，应少量、多次加入并充分搅拌。
2. 在测定电池电动势的温度系数时，一定要使体系达到热平衡，恒温时间不少于 20min。

六、实验原始数据记录

室温：＿＿＿＿＿＿　　　　大气压：＿＿＿＿＿＿

T/K															
E/V	1	2	3	1	2	3	1	2	3	1	2	3	1	2	3

七、实验数据处理

1. 作 $E\text{-}T$ 图，计算指定温度（可根据实验进行时的室温而定）下电池电动势的温度系数 $\left(\dfrac{\partial E}{\partial T}\right)_p$，以及该温度下电池反应的 $\Delta_r G_m$、$\Delta_r H_m$、$\Delta_r S_m$。

2. 计算指定温度（可根据实验进行时的室温而定）下 Na_2HPO_4-柠檬酸溶液的 pH 值。

八、思考题

1. 为什么在本实验中组成电池时，甘汞电极为负极而醌氢醌电极为正极？如果改用由甘氨酸-NaOH 组成的电解质溶液，电池两极的极性是否要变化？如何变化？

2. 为什么用电动势法测定反应的热力学函数时，电池反应必须是可逆的？

九、文献值

不同温度 t 下醌氢醌电极的电极电势：

$$\varphi^{\ominus}(\text{醌氢醌})=0.69976-0.73606\times10^{-3}(t/\text{℃}-25)-0.292\times10^{-6}(t/\text{℃}-25)^2$$

不同温度 t 下饱和甘汞电极的电极电势：

$$\varphi/V=0.2412-6.61\times10^{-4}(t/\text{℃}-25)-1.75\times10^{-6}(t/\text{℃}-25)^2+9\times10^{-10}(t/\text{℃}-25)^3$$

摘自：印永嘉编. 物理化学简明手册. 北京：高等教育出版社，1988.

实验二十四
表面活性剂临界胶束浓度的测定

一、实验目的

1. 熟悉表面活性剂临界胶束浓度的意义。
2. 掌握用电导法测定十二烷基硫酸钠的临界胶束浓度的方法。
3. 学会对胶束形成过程进行简单的热力学分析，了解表面活性剂胶束形成的原理。

二、实验原理

表面活性剂分子由具有亲水性的极性基团和具有疏水性的非极性基团组成，具有复极性结构。在含有表面活性剂的溶液中，当表面活性剂的浓度较低时，表面活性剂在溶液表面定向排列，表面活性剂离子或分子在溶液表面聚集而产生吸附现象；当溶液浓度增大到一定值时，表面活性剂离子或分子在溶液表面将形成单分子层；当表面被表面活性剂分子占满后，即表面活性剂的浓度超过一定值时，表面活性剂离子或分子将在溶液本体内部以疏水基相互靠拢，聚集在一起形成球状、棒状或层状结构，即胶束。形成胶束的最低浓度称为临界胶束浓度（critical micelle concentration，CMC）。

临界胶束浓度 CMC 是表面活性剂的一个重要性质，可以作为表面活性剂表面活性的量度。这是因为 CMC 越小，形成胶束所需的表面活性剂浓度越小，溶液表面达到饱和吸附所需的浓度也就越小，表面活性剂能在更低的浓度下发挥其效能，因此表面活性剂 CMC 的测定对于表面活性剂的应用有着重要的意义。由于在 CMC 附近溶液的许多物理性质如表面张力、电导率、渗透压等将会发生显著的变化，如图 24-1 所示，故测定这些物理性质发生显著变化的转变点即可确定 CMC。

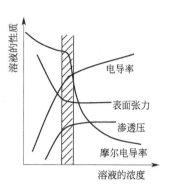

图 24-1　表面活性剂溶液的性质与浓度的关系

本实验采用电导法测定十二烷基硫酸钠的 CMC。其测定原理是：十二烷基硫酸钠（$C_{12}H_{25}SO_4Na$）属阴离子型表面活性剂，在稀的水溶液中完全电离为 $C_{12}H_{25}SO_4^-$ 和 Na^+。当十二烷基硫酸钠水溶液的浓度 $c<$CMC 时，$C_{12}H_{25}SO_4^-$ 和 Na^+ 均参与导电，溶液的摩尔电导率 Λ_m 与浓度 c 之间的关系符合式 (24-1)，即 Λ_m-$\sqrt{c}$ 呈线性关系：

$$\Lambda_m = \Lambda_m^\infty (1-\beta\sqrt{c}) \tag{24-1}$$

式中，Λ_m^∞ 为溶液在无限稀释时的摩尔电导率，$S \cdot m^2 \cdot mol^{-1}$；$\beta$ 在一定温度下，对于一定的电解质和溶剂为一常数；c 为溶液的浓度，$mol \cdot L^{-1}$。

当十二烷基硫酸钠水溶液的浓度 $c>$CMC 时，溶液中的 $C_{12}H_{25}SO_4^-$ 缔合成胶束，对溶液电导率贡献较大的 Na^+ 也由于静电引力作用被固定在胶束表面，并使胶束所带电荷被中和掉许多，胶束对电导率的贡献就非常小，因而溶液的摩尔电导率显著下降。因此测定不同浓度十二烷基硫酸钠水溶液的电导率 κ，通过式(24-2)求取对应的摩尔电导率 Λ_m，作 Λ_m-$\sqrt{c}$ 关系曲线，由曲线上的转折点即可确定十二烷基硫酸钠的 CMC。

$$\Lambda_m = \frac{\kappa}{c} \tag{24-2}$$

式中，κ 为溶液的电导率，$S \cdot m^{-1}$。

关于胶束形成的热力学研究目前已提出了两种较为成熟的理论模型：相分离模型和质量作用定律模型。其中质量作用定律模型认为胶束的形成是一种简单的离子或分子的缔合过程，溶液中存在缔合平衡。以阴离子表面活性剂 P 为例，这种缔合平衡可以用式 (24-3) 表示。

$$nA^- + (n-z)M^+ \rightleftharpoons P_n^{z-} \tag{24-3}$$

式中，A^- 为 P 所形成的阴离子；M^+ 为反离子；P_n^{z-} 为由 n 个阴离子 A^- 和 $(n-z)$ 个牢固结合的反离子 M^+ 形成的胶束；z 为胶束 P_n^{z-} 所带的电荷数；n 为胶束的聚集数。则缔合过程的平衡常数 K 为：

$$K^\ominus = \frac{a_{P_n^{z-}}}{a_{A^-}^n a_{M^+}^{n-z}} \approx \frac{c_{P_n^{z-}}}{c_{A^-}^n c_{M^+}^{n-z}} \tag{24-4}$$

胶束形成的标准摩尔吉布斯函数为：

$$\Delta G_m^\ominus = -\frac{RT}{n}\ln K^\ominus = \frac{RT}{n}(\ln c_{A^-}^n c_{M^+}^{n-z} - \ln c_{P_n^{z-}}) \tag{24-5}$$

当 n 较大且没有添加其他电解质时，$c_{A^-} \approx c_{M^+} =$ CMC，$RT\ln c_{P_n^{z-}}$ 很小而略去不计，则胶束形成的标准摩尔吉布斯自由能变化为

$$\Delta G_m^\ominus = \left(2 - \frac{z}{n}\right)RT\ln\text{CMC} \tag{24-6}$$

如果所有 n 个反离子均固定在胶束上，$z=0$，式(24-6)变为：

$$\Delta G_m^\ominus = 2RT\ln\text{CMC} \tag{24-7}$$

且胶束形成的标准摩尔焓变和标准摩尔熵变为：

$$\Delta H_m^\ominus = -T^2\left[\frac{\partial\left(\frac{\Delta G_m^\ominus}{T}\right)}{\partial T}\right]_p = -2RT^2\left(\frac{\partial\ln\text{CMC}}{\partial T}\right)_p \tag{24-8}$$

$$\Delta S_m^\ominus = -2RT\left(\frac{\partial\ln\text{CMC}}{\partial T}\right)_p - 2R\ln\text{CMC} \tag{24-9}$$

测定十二烷基硫酸钠的 CMC 以及 CMC 随温度的变化率，便可求取其胶束形成的热力学函数：$\Delta G_m^\ominus$、$\Delta S_m^\ominus$ 和 $\Delta H_m^\ominus$。

三、仪器与试剂

DDSJ-308A 型电导率仪	1 台	恒温水浴	1 套
铂黑电极	1 支	碘量瓶（100mL）	10 只
容量瓶（250mL）	1 只	移液管（10mL、25mL）	各 1 支
大试管	10 只	十二烷基硫酸钠	分析纯
滴定管（50mL）	1 支		

四、实验步骤

1. 将十二烷基硫酸钠在 80℃ 下干燥 3h，用二次去离子水准确配制 $0.050\text{mol}\cdot\text{L}^{-1}$ 的原始溶液 250mL。

2. 分别移取适量的 $0.050\text{mol}\cdot\text{L}^{-1}$ 的原始溶液于 10 只 100mL 的碘量瓶中，然后用滴定管加入适量的二次去离子水，配制浓度为 $0.0040\text{mol}\cdot\text{L}^{-1}$、$0.0060\text{mol}\cdot\text{L}^{-1}$、$0.0070\text{mol}\cdot\text{L}^{-1}$、$0.0080\text{mol}\cdot\text{L}^{-1}$、$0.0090\text{mol}\cdot\text{L}^{-1}$、$0.010\text{mol}\cdot\text{L}^{-1}$、$0.012\text{mol}\cdot\text{L}^{-1}$、$0.014\text{mol}\cdot\text{L}^{-1}$、$0.016\text{mol}\cdot\text{L}^{-1}$、$0.018\text{mol}\cdot\text{L}^{-1}$ 的溶液各 100mL。

3. 将恒温槽温度调节至 25℃，取适量已配制好的溶液，置于大试管中并插入铂黑电极后放入恒温槽中恒温 10min 后测定其电导率。

4. 将恒温槽温度依次调节至 30℃、40℃、50℃、60℃，测定不同温度下各溶液的电导率。

五、注意事项

1. 在碘量瓶中配制十二烷基硫酸钠溶液时，注意不能剧烈摇动碘量瓶，防止产生大量泡沫。

2. 由于溶液电导率与温度有关，测定时注意恒温。

3. 在每个温度下测定时，需按溶液浓度从稀到浓的顺序进行测定。

4. 在测定每个样品之前，需将铂黑电极用相应溶液荡洗。

六、实验原始数据记录

室温：_____   大气压：_____

将不同温度下各浓度及其对应的电导率值填入下表

25℃	$c/\text{mol}\cdot\text{L}^{-1}$				
	$\kappa/\text{S}\cdot\text{m}^{-1}$				
30℃	$c/\text{mol}\cdot\text{L}^{-1}$				
	$\kappa/\text{S}\cdot\text{m}^{-1}$				
…	…				

七、实验数据处理

1. 计算不同温度下各浓度及其对应的电导率值填入下表

25℃	$\sqrt{c}/(\text{mol}\cdot\text{L}^{-1})^{1/2}$				
	$\Lambda_\text{m}/\text{S}\cdot\text{m}^2\cdot\text{mol}^{-1}$				
30℃	$\sqrt{c}/(\text{mol}\cdot\text{L}^{-1})^{1/2}$				
	$\Lambda_\text{m}/\text{S}\cdot\text{m}^2\cdot\text{mol}^{-1}$				
…	…				

2. 作 Λ_m-$\sqrt{c}$ 图，确定不同温度下十二烷基硫酸钠的 CMC。

3. 作 $\ln\text{CMC}$-T 图，求取 $\left(\dfrac{\partial \ln\text{CMC}}{\partial T}\right)_p$，计算十二烷基硫酸钠胶束形成的热力学函数：$\Delta G_\text{m}^{\ominus}$、$\Delta S_\text{m}^{\ominus}$ 和 $\Delta H_\text{m}^{\ominus}$。

八、思考题

1. 查阅资料，讨论表面活性剂临界胶束浓度的其他测定方法。
2. 查阅资料，讨论表面活性剂胶束形成的其他热力学理论模型及其优缺点。

实验二十五

B-Z 振荡反应

一、实验目的

1. 理解别诺索夫-柴波廷斯基（Belousov-Zhabotinsky）反应（简称 B-Z 反应）的基本原理。
2. 通过测定电势-时间曲线求得振荡反应的表观活化能。
3. 掌握研究化学振荡反应的一般方法，初步了解自然界中普遍存在的非平衡非线性问题。

二、实验原理

通常的化学反应，反应物的浓度随时间的变化单调地下降，产物的浓度随时间的变化单调地上升，最终达到不随时间变化的平衡状态，但这不是唯一的化学反应现象。在某些体系中，当体系的状态参数处在一定的范围时，反应体系中某些组分的浓度可能随时间（或空间)发生周期性的变化,这类反应现象就是化学振荡现象,其反应称为化学振荡反应。最著名的化学振荡反应是 1959 年首先由别诺索夫观察发现,随后柴波廷斯基继续了该反应的研究,他们报道了以金属铈离子作催化剂时,柠檬酸被 $HBrO_3$ 氧化可发生化学振荡现象,溶液在无色和淡黄色两种颜色之间进行规则的周期振荡。后来又发现了一批溴酸盐的类似反应,如丙二酸在溶有硫酸的溶液中被溴酸钾氧化的反应,随后人们发现了一大批可呈现化学振荡现象的含溴酸盐的反应系统。故统称这类反应为 B-Z 反应。

以 B-Z 反应为代表的化学振荡是一类机理非常复杂的化学过程,目前被普遍认同的是 Field、Körös 和 Noyes 在 1972 年提出的 FKN 机理,用来解释并描述 B-Z 振荡反应的性质。其主要思想是:体系中存在着两个受溴离子浓度控制的过程,A 和 B。当 $[Br^-]$ 高于临界浓度 $[Br^-]_{crit}$ 时发生 A 过程,当 $[Br^-]$ 低于 $[Br^-]_{crit}$ 时发生 B 过程。也就是说 $[Br^-]$ 起着开关作用,它控制着从 A 到 B 过程,再由 B 到 A 过程的转变。在 A 过程,由于化学反应使 $[Br^-]$ 降低,当 $[Br^-]$ 到达 $[Br^-]_{crit}$ 时,B 过程发生;在 B 过程中,Br^- 再生,$[Br^-]$ 增加,当 $[Br^-]$ 达到 $[Br^-]_{crit}$ 时,A 过程发生,这样体系就在 A 过程、B 过程间往复振荡。

过程 A:

$$BrO_3^- + Br^- + 2H^+ \longrightarrow HBrO_2 + HOBr \tag{25-1}$$

$$HBrO_2 + Br^- + H^+ \longrightarrow 2HOBr \tag{25-2}$$

此过程中反应(25-1)为控速步骤,式中的 $HBrO_2$ 为中间体,过程特点是大量消耗 Br^-。反应中产生的 HOBr 能进一步反应,使有机物如丙二酸 $CH_2(COOH)_2$ 按反应式(25-3)、反应式(25-4)被溴化为 $BrCH(COOH)_2$

$$HOBr + Br^- + H^+ \longrightarrow Br_2 + H_2O \tag{25-3}$$

$$Br_2 + CH_2(COOH)_2 \longrightarrow BrCH(COOH)_2 + Br^- + H^+ \tag{25-4}$$

过程 B:

$$BrO_3^- + HBrO_2 + H^+ \longrightarrow 2BrO_2 \cdot + H_2O \tag{25-5}$$

$$BrO_2 \cdot + Ce^{3+} + H^+ \longrightarrow HBrO_2 + Ce^{4+} \tag{25-6}$$

在 Br^- 消耗到一定程度后,$HBrO_2$ 才转化到按反应式(25-5)、式(25-6)进行反应,并使反应不断加速,这是一个产生 $HBrO_2$ 自催化过程,式(25-5)加式(25-6)则有

$$BrO_3^- + 2Ce^{3+} + 2H^+ + HBrO_2 \longrightarrow 2HBrO_2 + 2Ce^{4+} + H_2O \tag{25-7}$$

与此同时,催化剂 Ce^{3+} 氧化为 Ce^{4+}。在过程 B 的反应(25-5)和反应(25-6)中,反应(25-5)是速率控制步骤。此外,$HBrO_2$ 的累积还受到下面歧化反应的制约。

$$2HBrO_2 \longrightarrow BrO_3^- + HOBr + H^+ \tag{25-8}$$

$BrCH(COOH)_2$ 使 Ce^{4+} 还原为 Ce^{3+},并产生 Br^- 和其他产物,反应可表达为:

$$4Ce^{4+} + BrCH(COOH)_2 + H_2O + HOBr \longrightarrow 2Br^- + 4Ce^{3+} + 3CO_2 + 6H^+ \tag{25-9}$$

反应(25-9)对化学振荡非常重要。如果只有前面几个反应,那就是一般的自催化反应或时钟反应,进行一次就完成。正是由于反应(25-9)以有机物 $CH_2(COOH)_2$ 的消耗为代价,重新得到 Br^- 和 Ce^{3+},反应得以重新启动,形成周期性的振荡,振荡反应的控制物种是 Br^-。

由上述可见,产生化学振荡需满足三个条件:

① 反应必须是敞开体系,且远离平衡态。化学振荡只有在远离平衡态,具有很大的不

可逆程度时才能发生；

② 反应历程中应包含有自催化的步骤。产物之所以能加速反应，因为反应是自催化反应，如过程 A 中的产物 $HBrO_2$ 同时又是反应物；

③ 体系必须有两个稳态存在，即具有双稳定性。

化学振荡体系的振荡现象可以通过多种方法观察到，如观察溶液颜色的变化，测定吸光度随时间的变化，测定电势随时间的变化等。

本实验采用电化学方法观察化学振荡现象。即由于本实验体系的化学振荡现象表现为 Ce^{4+}、Ce^{3+} 浓度的周期性变化，以甘汞电极为参比电极，与 Ce^{4+}，Ce^{3}｜Pt 电极组成电池，通过测定该电池的电动势 E 随时间 t 变化的关系曲线——振荡曲线，便可检测出 Ce^{4+}、Ce^{3+} 浓度的周期性变化。

化学反应速率与温度有关，不同温度下诱发振荡反应所需的时间以及完成一次振荡循环所需的时间也会受到温度的影响。设从反应开始到出现振荡的时间为振荡诱导期 $t_{诱}$；完成一次振荡循环所需的时间为振荡周期 $t_{振}$，则由于 $t_{诱}$、$t_{振}$ 均与反应速率呈反比，由 Arrhenius 方程

$$\ln \frac{1}{t_{诱}} = -\frac{E_{诱}}{RT} + I \tag{25-10}$$

$$\ln \frac{1}{t_{振}} = -\frac{E_{振}}{RT} + I' \tag{25-11}$$

式中，$E_{诱}$、$E_{振}$ 分别为诱导期和振荡周期的表观活化能；I、I' 均为积分常数。

通过测定不同温度下振荡反应的 $t_{诱}$、$t_{振}$，还可以计算得到振荡反应的表观活化能 $E_{诱}$ 和 $E_{振}$。

三、仪器与试剂

ZD-BZ 振荡实验装置（包括计算机）　　1 套
超级恒温水浴　　　1 台　　　甘汞电极、铂电极　　　各 1 支
$0.4 mol \cdot L^{-1}$ 丙二酸溶液　　　$0.2 mol \cdot L^{-1}$ 溴酸钾溶液　　　$3.0 mol \cdot L^{-1}$ 硫酸溶液
$0.005 mol \cdot L^{-1}$ 硫酸铈铵溶液（在 $0.2 mol \cdot L^{-1}$ 硫酸溶液中配制）

四、实验步骤

1. 连接仪器，开启超级恒温浴槽，设定初始温度为 25℃，打开 ZD-BZ 振荡实验装置的电源开关。

2. 打开电脑桌面上的 BZ 振荡 2.00 软件，点击"设置"菜单，在"采样时间"中设定采集时间为 30min，设置电势（E）极值和电势（E）零点这两项参数，须根据实验中 BZ 反应波形的经验值来调整。

3. 在反应器中依次加入已配好的硫酸、溴酸钾、丙二酸各 10mL，加入一粒搅拌子，将"调节"旋钮旋至合适的速度。选择量程 2V 挡，清零后将甘汞电极接负极，铂电极接正极。恒温 10min 后，加硫酸铈铵 10mL。此时在"数据通讯"菜单下点击"开始绘图"命令，由计算机记录电势（E）-时间（t）图，观察实验中溶液的颜色变化。

4. 依次升温至 30℃、35℃、40℃和 45℃，重复上述操作，观察实验现象，记录相应的反应曲线，待重复 8~10 次完整周期后，停止数据记录，保存数据文件。

5. 实验完毕后，保存文件，关闭计算机，关闭仪器。

五、注意事项

1. 实验所用试剂均需用不含 Cl^- 的去离子水配制，而且参比电极不能直接使用甘汞电极。若用 217 型甘汞电极时要用 $1mol·L^{-1} H_2SO_4$ 作液接，可用硫酸亚汞参比电极，也可使用双盐桥甘汞电极，外面夹套中装入饱和 KNO_3 溶液，以免其中所含 Cl^- 会对振荡的发生和持续产生抑制。

2. 配制 $0.005mol·L^{-1}$ 的硫酸铈铵溶液时，一定要在 $0.20mol·L^{-1}$ 硫酸介质中配制，防止其发生水解而浑浊。

3. 实验中所用溶液在反应前需恒温，并注意溶液倒入反应器的顺序。

4. 所使用的反应容器应清洁干净，磁力搅拌器中转子位置及速度都必须加以控制。

5. 本实验是在一个封闭体系中进行的，所以振荡波逐渐衰减。若把实验放在敞开体系（不断补充反应物）中进行，则振荡波可以持续不断地进行，并且周期和振幅保持不变。

六、实验原始数据记录

室温：_____　　　　大气压：_____

由计算机记录五个温度下电势（E）-时间（t）图。

七、实验数据处理

1. 在实验得到的电势（E）-时间（t）图中确定 $t_{诱}$、$t_{振}$，并计算 $\ln \dfrac{1}{t}$ 及 T^{-1}，填入下表

$T/℃$	$t_{诱}/min$	$\ln \dfrac{1}{t_{诱}}$	$t_{振}/min$	$\ln \dfrac{1}{t_{振}}$	T^{-1}/K^{-1}
25					
30					
35					
40					
45					

2. 由式（25-10）和式（25-11）作图并计算表观活化能 $E_{诱}$ 和 $E_{振}$。

八、思考题

1. 其他卤素离子（如 Cl^-、I^-）都很易和 $HBrO_2$ 反应，如果在振荡反应的开始或中间加入这些离子，将会出现什么现象？试用 FKN 机理加以分析。

2. 为什么 B-Z 振荡反应有诱导期？反应何时进入振荡期？

3. 系统中什么样的反应步骤对振荡行为最为关键？为什么？

附

本实验也可以通过替换体系中的成分来实现，如将丙二酸换成焦性没食子酸，各种氨基酸等有机酸，如将用碘酸盐、氯酸盐等替换溴酸盐，又如用锰离子、亚铁邻菲啰啉离子或铬离子代换铈离子等来进行实验都可以发生振荡现象，但振荡波形、诱导期、振荡周期、振幅等都会发生变化。B-Z 反应除可以用电势-时间振荡曲线表示外，还可以通过溶液颜色的变化观察到，如在培养皿中加入一定量的溴酸钾、溴化钾、硫酸、丙二酸，待有 Br_2 产生并消

失后,加入一定量的 Fe^{2+} 邻菲啰啉试剂,30min 后红色溶液会呈现蓝色靶环的图样。

振荡体系有许多类型,除化学振荡外还有液膜振荡、生物振荡、萃取振荡等。表面活性剂在穿越油水界面自发扩散时,经常伴随有液膜(界面)物理性质的周期变化,这种周期变化称为液膜振荡。另外,在溶剂萃取体系中也发现了振荡现象。生物振荡现象在生物中很常见,如在新陈代谢过程中占重要地位的酶降解反应中,许多中间化合物和酶的浓度是随时间周期性变化的。生物振荡也包括微生物振荡。

化学振荡反应自 20 世纪 50 年代发现以来,在各方面的应用日益广泛,尤其在分析化学中的应用较多。当体系中存在浓度振荡时,其振荡频率与催化剂浓度间存在依赖关系,据此可测定作为催化剂的某些金属离子的浓度。此外,应用化学振荡还可测定阻抑剂。当向体系中加入能有效地结合振荡反应中的一种或几种关键物质的化合物时,可以观察到振荡体系的各种异常行为,如振荡停止、在一定时间内抑制振荡的出现和改变振荡特征(频率、振幅、形式)等。而其中某些参数与阻抑剂浓度间存在线性关系,据此可测定各种阻抑剂。另外,生物体系中也存在着各种振荡现象,如糖酵解是一个在多种酶作用下的生物化学振荡反应。通过葡萄糖对化学振荡反应影响的研究,可以检测糖尿病患者的尿液,就是其中的一个应用实例。

实验二十六

三氯化六氨合钴(Ⅲ)的制备及性质的测定

一、实验目的

1. 掌握三氯化六氨合钴(Ⅲ)的制备方法。
2. 通过测量三氯化六氨合钴(Ⅲ)配体的分裂能判断配合物的类型。
3. 通过测量三氯化六氨合钴(Ⅲ)水溶液的电导率判断其电离类型。
4. 用热分析的实验结果确定三氯化六氨合钴(Ⅲ)分子所含结晶水的数量及分解温度。

二、实验原理

1. 三氯化六氨合钴(Ⅲ)的制备

钴化合物有两个重要性质:①2 价钴离子盐较稳定,3 价钴离子盐一般不稳定,只能以固态或者配位化合物的形式存在。例如,在酸性水溶液中,3 价钴离子的盐能迅速地被还原为 2 价的钴盐。②2 价钴的配合物是活性的,而 3 价钴的配合物是惰性的。合成钴氨配合物的基本方法就是基于钴化合物的这两个性质。显然,在制备 3 价钴氨配合物时,以较稳定的 2 价钴盐为原料、氨-氯化铵溶液为缓冲体系,先制成活性的 2 价钴配合物,然后以过氧化氢为氧化剂,活性炭为催化剂,将活性的 2 价钴氨配合物氧化为惰性的 3 价钴氨配合物。总反应式为:

$$2CoCl_2 \cdot 6H_2O + 10NH_3 + 2NH_4Cl + H_2O_2 \xrightarrow{\text{活性炭}} 2[Co(NH_3)_6]Cl_3 \downarrow + 14H_2O$$
(橙黄色)

反应液通过抽滤除去活性炭,然后在较浓的盐酸存在下即可析出三氯化六氨合钴(Ⅲ)的橙黄色单斜晶体。

2. 性质测定

(1) $[Co(NH_3)_6]^{3+}$ 中心离子有 6 个 d 电子,通过配离子的分裂能 Δ 的测定并与其成对能 $P(21000cm^{-1})$ 比较,可以确定 6 个 d 电子在八面体场中属于低自旋排布还是高自旋排布。在可见光区由配离子的吸光度-波长(A-λ)曲线上能量最低的吸收峰所对应的波长,即为分裂能 Δ:

$$\Delta = \frac{1}{\lambda \times 10^{-7}}$$

式中,Δ 为分裂能,cm^{-1};λ 为波长,nm。

$[Co(NH_3)_6]^{3+}$ 中心离子的 6 个 d 电子的排布方式还可通过测定其磁化率来判断。

(2) 三氯化六氨合钴(Ⅲ)水溶液为强电解质溶液,其电离类型和摩尔电导率之间在数值上呈现比较简单的关系。实验表明,强电解质的电离类型与其摩尔电导率之间存在如下简单关系:

电解质	类型	$\Lambda_m \times 10^4$/S·m²·mol⁻¹			
		0.0078mol·L⁻¹	0.0039mol·L⁻¹	0.0020mol·L⁻¹	0.0010mol·L⁻¹
NaCl	1-1 型	113	115	117	118
BaCl₂	1-2 型	224	237	248	260
AlCl₃	1-3 型	342	371	393	413

测定配合物的摩尔电导率 Λ_m,便可确定配离子的电荷数,从而确定其电离类型。

(3) 将一定量的三氯化六氨合钴(Ⅲ)晶体研成粉末,用差热天平进行差热、热重分析,由实验所得的差热图谱确定其分解温度;由热重图谱判断三氯化六氨合钴(Ⅲ)所含结晶水的数目。

三、仪器与试剂

722N 分光光度计	DDSJ-308A 型电导率仪	FRC/T-1型差热天平
超级恒温水浴	水浴加热装置	抽滤装置
容量瓶(100mL) 4 只	移液管(25mL、10mL)	各 1 支
锥形瓶(100mL) 1 只	量筒(25mL、100mL)	各 1 个
浓氨水(化学纯)	H₂O₂(化学纯)	浓盐酸(化学纯)
CoCl₂·6H₂O(分析纯)	NaOH(化学纯)	95%乙醇(化学纯)
NH₄Cl(化学纯)	冰	活性炭

四、实验步骤

1. 制备$[Co(NH_3)_6]Cl_3$

在 100mL 锥形瓶中加入 3g 研细的 $CoCl_2·6H_2O$、2g NH_4Cl 以及 3.5mL 去离子水,加热溶解后再趁热加入 0.15g 经活化的活性炭。用水冷却后,加入 9mL 浓氨水,进一步冷却至 10℃以下,缓慢加入 9mL 的 10% H_2O_2。在水浴上加热至 60℃,并恒温 20min。以流水冷却后再以冰水冷却即有晶体析出。用布氏漏斗抽滤。将滤饼溶于含有 1mL 浓盐酸的 20mL 沸水中,趁热过滤。加 2mL 浓盐酸于滤液中。以冰水冷却,即有晶体析出。抽滤,用 10mL 95%乙醇洗涤,抽干,将滤饼连同滤纸一并取出放在一张纸上,置于烘箱中,在 105℃以下烘 25min,可得橙色 $[Co(NH_3)_6]Cl_3$ 产物,并称重。

2. $[Co(NH_3)_6]Cl_3$ 分裂能的测定

取 0.2g $[Co(NH_3)_6]Cl_3$ 溶于 40mL 去离子水,以去离子水为参比,于波长 400~550nm 范围内测定配合物的吸光度 A,每隔 10nm 波长测定一次(在吸收峰最大值附近波长间隔可适当减小)。做 A-λ 曲线,求出配合物的分裂能并与成对能做比较,判断中心离子 d 电子的排布和自旋情况,确定配合物类型。

3. $[Co(NH_3)_6]Cl_3$ 电导率的测定

配制浓度为 7.8×10^{-3} mol·L^{-1}、3.9×10^{-3} mol·L^{-1}、2.0×10^{-3} mol·L^{-1}、1.0×10^{-3} mol·L^{-1} 的 $[Co(NH_3)_6]Cl_3$ 溶液各 100mL。将适量的溶液注入大试管中并插入铂黑电极,然后将其置于 25℃ 的超级恒温水浴中恒温 10min,测定各试样溶液的电导率 κ。

4. $[Co(NH_3)_6]Cl_3$ 的差热热重分析

将适量的 $[Co(NH_3)_6]Cl_3$ 晶体在研钵中碾细。准确称取 10mg 试样测定其差热、热重图谱。

五、注意事项

1. Co(Ⅱ) 与氯化铵和氨水作用,经氧化后一般可生成三种产物:紫红色的二氯化一氯五氨合钴 $[Co(NH_3)_5Cl]Cl_2$ 晶体、砖红色的三氯化五氨一水合钴 $[Co(NH_3)_5H_2O]Cl_3$ 晶体、橙黄色的三氯化六氨合钴 $[Co(NH_3)_6]Cl_3$ 晶体,控制不同的条件可得不同的产物。应注意控制好温度,以免有紫红色或砖红色产物出现。

2. 在测定 $[Co(NH_3)_6]Cl_3$ 电导率时,注意测定每个样品前应先用该样品的溶液对铂黑电极进行荡洗。

六、实验原始数据记录

室温:_____   大气压:_____

m(产品) = _____

λ/nm				…
A				…

c/mol·L^{-1}				…
κ/S·m^{-1}				…

七、实验数据处理

1. 计算本次实验所合成的 $[Co(NH_3)_6]Cl_3$ 产品的产率。

2. 绘制 A-λ 曲线,计算分裂能,确定配合物类型,画出 d 电子排布。

3. 由电导率测定的结果计算对应的摩尔电导率,确定 $[Co(NH_3)_6]Cl_3$ 配离子的电荷数和电离类型。

4. 由差热、热重实验的结果,确定 $[Co(NH_3)_6]Cl_3$ 的分解温度及其所含结晶水的数目。

八、思考题

1. 制备过程中,在水浴上加热 20min 的目的是什么?能否加热至沸腾?

2. 要使 $[Co(NH_3)_6]Cl_3$ 合成产率高,你认为哪些步骤是比较关键的?为什么?

第四部分 附 录

附录一

温度测量与控制技术简介

一、温度的测量

温度是表征物体冷热程度的物理量，物质状态的表征以及物质所发生的许多物理化学变化过程均与温度有关，因此在科学实验中温度量值的正确表达以及温度的准确测量、精密控制是十分重要的。

物体温度的量值和量纲与所使用的温标有关，温标是为度量物体温度高低而对温度的零点、分度方法所作的一种规定。在物理化学实验中经常使用的温标有两种：摄氏温标和热力学温标。

(1) 摄氏温标（以 t℃ 表示）是以大气压下水的冰点（0℃）和沸点（100℃）为两个定点，定点间分为 100 等份，每一份为 1℃。用外推法或内插法求得其他温度 t。

(2) 热力学温标（或称绝对温标，以 T 表示）规定"热力学温度单位开尔文（K）是水三相点热力学温度的 $\frac{1}{273.16}$"。即从绝对零度到水的三相点之间的温度值分为 273.16 等份，一等份为 1K。

热力学温标与摄氏温度分度值相同，只是差一个常数 $T/K=273.15+t/℃$。

测量温度的仪表是温度计，温度计种类繁多，适用于不同温度范围和精度的要求。物理化学实验中常用的温度计种类有：水银温度计、电阻温度计和热电偶温度计等，由于这些温度计在测量时均需要与被测介质保持热接触，因此均属于接触式温度计的范畴。

1. 液体-玻璃温度计

液体-玻璃温度计是根据充灌温度计的液体受热膨胀、遇冷收缩的原理制造的测温器件。例如：有机液体温度计和水银温度计。

(1) 有机液体温度计

实验室中常用的有机液体温度计包括煤油温度计和酒精温度计。

煤油温度计以煤油作为工作物质，在常压下，其沸点高于 150℃、凝固点低于 －30℃，因此煤油温度计的可用温度范围是 －30～+150℃。为了观察数据方便，在煤油里配入适量的烛红染成红色。

酒精温度计则以酒精作为工作物质，在常压下，其沸点为 78.4℃、凝固点为 -112℃，酒精温度计的可用温度范围是 -100～+50℃。

有机液体温度计在测量过程中具有：膨胀系数大、液柱高度随温度变化显著；毒性小，易于制作等优点，尤其是酒精温度计因其凝固点较低而利于低温测量。但是由于有机液体的体积随温度变化的线性关系较差、热惰性较大、传热系数小，又具有在测量过程中温度读数误差大、测温灵敏度差、测温滞后现象明显等缺点，所以有机液体温度计常被用于温度的粗略测量。

(2) 水银温度计

水银温度计是实验室常用的温度计，它具有结构简单、价格低廉、使用方便、直接读数、精确度较高的特点。水银温度计适用范围为 -35～360℃，如果用石英玻璃作管壁，充入氮气或氩气，最高使用温度可达到 800℃，如果水银中掺入 8.5% 的铊（Tl），则可以测量到 -60℃ 的低温。

实验用水银温度计的分度值为 0.2℃ 或 0.1℃，示值误差为分度值，采用全浸式读数，即使用时必须将温度计上的示值部分全浸入被测介质（为便于读数，可将温度测量值露出被测介质不超过 1cm）；普通水银温度计的测温范围分 0～50℃、0～100℃、0～150℃ 等，分度值一般为 1℃，示值误差限等于分度值，多采用局浸式读数，即使用时只需将温度计浸入被测介质中至某一规定位置。

水银温度计在使用过程中会由于本身的原因（如：玻璃毛细管内径不均匀）和使用方法产生一定的读数误差，因此需要进行相应的校正。

① 示值校正：以纯物质的熔点或沸点作为标准进行校正；以标准水银温度计为标准进行校正。

② 露茎校正：如果由于使用条件限制，全浸式水银温度计不能全部浸没在被测介质中，则因露出部分与介质温度不同，必然存在读数误差，因此必须进行露茎校正。如附图 1-1 所示，校正公式为

$$\Delta t = \frac{kn}{1-kn}(t_{测} - t_{环}) \quad (1\text{-}1)$$

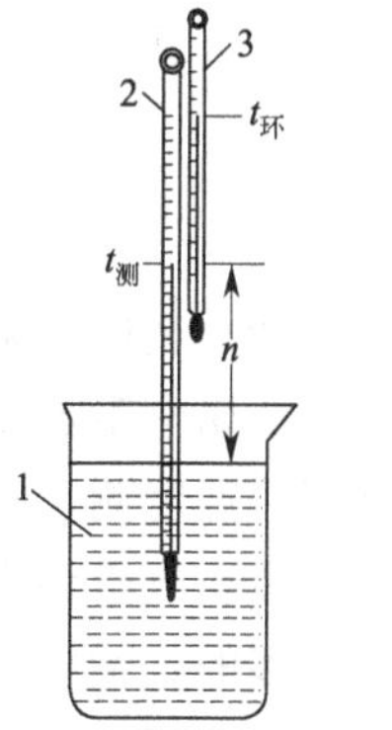

附图 1-1 温度计露茎校正
1—被测体系；2—测量温度计；3—辅助温度计

式中，$\Delta t = t_{实} - t_{测}$，是读数校正值；$t_{实}$ 是温度的正确值；$t_{测}$ 是温度计的读数值；$t_{环}$ 是露出待测体系外水银柱的有效温度（从放置在露出一半位置处的另一支辅助温度计读出）；n 是露出待测体系外部的水银柱长度，称为露茎高度，以温度差值表示；k 是水银对于玻璃的膨胀系数，使用摄氏度时，$k=0.00016$，上式中 $kn \ll 1$，所以 $\Delta t \approx kn(t_{测} - t_{环})$。

③ 使用水银温度计时应注意以下几点：

a. 温度计应尽可能垂直放置，以免温度计内部水银压力不同而引起误差。

b. 防止骤冷骤热，以免引起破裂和变形。

c. 不能以温度计代替搅拌棒。

d. 根据测量需要，选择不同量程、不同精度的温度计。

e. 根据测量精度需要对温度计进行各种校正。

f. 温度计插入待测体系后，待体系温度与温度计之间的热传导达到平衡后进行读数。

2. 电阻温度计

当温度升高时，导体或半导体的电阻会发生变化，利用温度和电阻之间的单一函数关系来测量温度的方法称为热电阻测温法，电阻温度计便是利用物质的电阻随温度变化的特性而制成的测温仪器。按感温元件的材料的不同，电阻温度计可分为热敏电阻温度计和金属电阻温度计两大类。

(1) 热敏电阻温度计

热敏电阻温度计以热敏电阻作为温度敏感元。热敏电阻是由锰、铜、硅等金属氧化物按照不同的比例进行混合，经高温烧结而成的半导体。热敏电阻的主要特点如下：

① 具有较大的负的电阻温度系数（比金属大 8～10 倍），灵敏度高；

② 易于制作成片状、杆状、珠状和薄膜状等结构，体积小，因而热惯性小，响应速度快，适用于动态测量；

③ 精度不高，非线性严重，实际应用时需进行线性化处理。

附图 1-2 为实验室常用的珠形热敏电阻器。

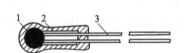
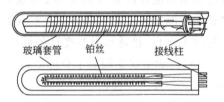

附图 1-2　珠形热敏电阻器示意图
1—用热敏材料作的热敏元；2—玻璃外壳；3—引出线

附图 1-3　Pt 电阻温度计示意图

(2) 金属电阻温度计

金属电阻温度计以金属电阻作为测温敏感元，广泛地应用于中、低温（-200～850℃）范围的温度测量。

金属电阻温度计所使用的金属导体有铂、铜、镍、铁和铑铁合金等，物理化学实验中使用最多的是铂电阻温度计，如附图 1-3 所示。铂很容易提纯，化学稳定性高，电阻温度系数稳定且重现性很好。所以，铂电阻与专用精密电桥或电位差计组成的铂电阻温度计有极高的精确度，被选定为 13.81～903.89K 温度范围的标准温度计。

标准铂电阻温度计用的纯铂丝经过 933.35K 退火处理后，绕在交叉的云母片上，密封在硬质玻璃管中，内充干燥的氦气，外面再套以金属套管，以增强其强度和耐腐蚀性。

热电阻的数值可采用电势差计法和平衡电桥法测量。

(1) 电势差计法　用电势差计测量热电阻的原理线路图如附图 1-4 所示。其中，E 为直流电源，R_r 为可调电阻，R_N 为精密电阻，R_x 为待测热电阻，K 为双向开关。测量方法是：通过切换双向开关、调节可调电阻 R_r，依次测量精密电阻 R_N 和待测热电阻 R_x 上的电势差 V_N 和 V_x，然后由已知的精密电阻的电阻值按式(1-2) 计算待测热电阻 R_x 的电阻值。

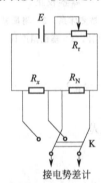

附图 1-4　电势差计法测量热电阻的原理线路

$$R_x = \frac{V_x}{V_N} R_N \tag{1-2}$$

（2）平衡电桥法　用二线制平衡电桥测量热电阻的原理线路图如附图 1-5 所示。其中，M 为检流计，R_1、R_2 为阻值已知的定电阻，R_3 为可调电阻，R_x 为待测热电阻。测量方法是：调节可调电阻 R_3 至检流计 M 中无电流通过，此时电桥达到平衡。按式（1-3）即可计算待测热电阻 R_x 的电阻值。

$$R_x = \frac{R_2}{R_1} R_3 \qquad (1-3)$$

由于在测量电路中连接导线的电阻会引起测量误差，因此在精密测量中常采用四线制线路。

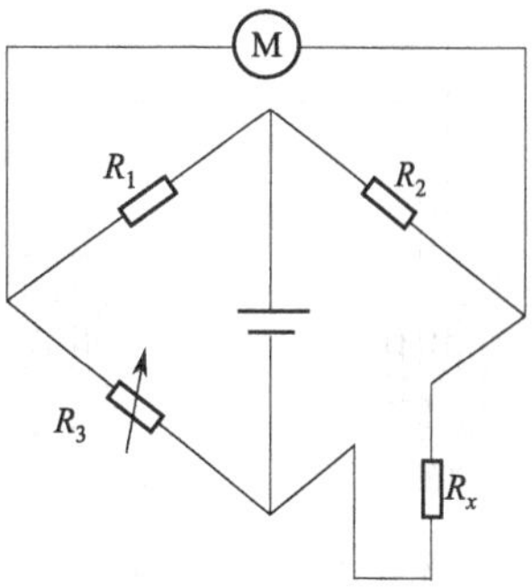

附图 1-5　二线制平衡电桥测量线路图

3. 热电偶温度计

将两种不同的导体或半导体构成一个闭合线路，如果连接点温度不同，回路中将会产生一个与温差有关的热电势，这样的一对导体或半导体称为热电偶。

设由 A、B 两种导体或半导体组成如附图 1-6 所示的热电偶，它的两个接点分别置于温度各为 T 及 T_0（假定 $T > T_0$）的热源中，在热电偶回路中所产生的热电势由接触电势和温差电势两部分组成。

（1）温差电势

温差电势是在同一导体的两端因其温度不同而产生的一种热电势。由于高温端（T）的电子能量比低温端的电子能量大，因而高温端因失去电子而带正电荷，低温端因得到电子而带负电荷，从而导体的两端便产生一个相应的电位差，即为温差电势。附图 1-6 中的 A、B 导体分别都有温差电势，分别用 $E_A(T,T_0)$、$E_B(T,T_0)$ 表示。

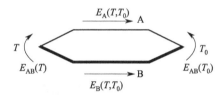

附图 1-6　热电偶回路热电势分布

（2）接触电势

当两种不同导体 A 和 B 接触时，由于两种金属的电子逸出功不同，在接点处也形成了一个电位差，即为接触电势，分别用 $E_{AB}(T)$、$E_{AB}(T_0)$ 表示。

这样在热电偶回路中产生的总热电势 $E_{AB}(T,T_0)$ 由四部分组成

$$E_{AB}(T,T_0) = E_{AB}(T) + E_B(T,T_0) - E_{AB}(T_0) - E_A(T,T_0)$$

由于接触电势取决于两种不同导体的性质和接触点的温度，如果再固定冷端温度 T_0，则热电偶的总热电势 $E_{AB}(T,T_0)$ 就仅为热端温度 T 的单值函数，即

$$E_{AB}(T,T_0) = f(T) - C$$

温差电势可以用电位差计或毫伏计测量，精密的测量可使用灵敏检流计或电位差计。

（3）热电偶的校正方法

使用热电偶温度计测定温度，需把测得的电动势换算成温度值，即要做出温度与电动势的校正曲线，亦即热电偶工作曲线。

校正热电偶常用的方法有以下两种。

① 利用纯物质的熔点或沸点进行校正　选择已知沸点或熔点的纯物质作为待测物体（热端），将热电偶的一端插入其中，而另一端插入冷端中，如附图 1-7 所示组成测量体系，

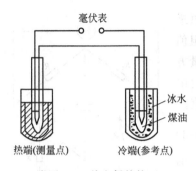

附图 1-7 热电偶的校正、使用装置图

测定待测物的步冷曲线（mV-T 关系曲线），曲线上水平部分所对应的 mV 数即相应于该物质的熔点或沸点，该 mV-T 曲线，即为热电偶温度计的工作曲线。

② 利用标准热电偶校正　将待校热电偶与标准热电偶（电势与温度的对应关系已知）的热端置于相同的温度处，进行一系列不同的温度点的测定，同时读取 mV 数，借助于标准热电偶的电动势与温度的关系而获得待校热电偶温度计的一系列 mV-T 关系，即为工作曲线。高温下，一般常用铂-铂铑为标准热电偶。

（4）热电偶的测温回路

基本热电偶的温度测量回路如附图 1-8 所示。

其中，附图 1-8(a)所测量的温度是 T_1，参考温度为 T_2；附图 1-8(b)所测量的温度是 T_2-T_1，参考温度为 T_3。当参考温度为 0℃时，两个温度测量回路均可用于精密测温。

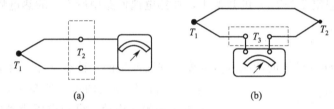

附图 1-8　基本热电偶温度测量回路

使用热电偶温度计时应注意以下几点：

① 易氧化的金属热电偶（铜-康铜）不应插在氧化气氛中，易还原的金属热电偶（铂-铂铑）则不应插在还原气氛中。

② 热电偶可以和被测物质直接接触的，一般都直接插在被测物中；如不能直接接触的，则需将热电偶插在一个适当的套管中，再将套管插在待测物中，在套管中加适当的石蜡油，以便改进导热情况。

③ 冷端的温度需保证准确不变，一般放在冰水中。如果由于使用条件限制，冷端处于温度波动的环境中时，可用补偿导线或冷端补偿器来进行校正。

④ 接入测量仪表前，需先小心判别其"＋""－"端。

⑤ 选择热电偶时应注意，在使用温度范围内，温差电势与温度最好呈线性关系。并且选温差电势温度系数大的热电偶，以增加测量的灵敏度。

构成热电偶的两种材料称为热电极，热电极主要用金属材料制成，有时也用非金属及半导体材料。附表 1-1 列出几种常用热电偶及其特点。

附表 1-1　几种常用热电偶及其特点

材质及组成	分度号	使用范围/℃	特点
铂铑 10-铂	S	0～+1600	性能稳定,测量准确度高,可作为标准热电偶
镍铬-康铜	E	－270～+1000	热电势大,价格便宜,可用于氧化和惰性气氛中
镍铬-镍硅	K	－270～+1300	热电势大,线性度好,高温下抗氧化、腐蚀能力强

续表

材质及组成	分度号	使用范围/℃	特点
铁-康铜	J	0～+800	线性度好,热电动势较大,灵敏度较高,价格便宜,但无保护不能在高温下使用
铜-康铜	T	－200～+300	线性度好,热电动势较大,灵敏度较高,价格便宜,易于在低温下使用

普通结构的热电偶是取两种热电极,将其一端焊接或扭结在一起,分别套上单芯或双芯的绝缘体,装在外保护管内,并配以接线端子盒构成,如附图 1-9 所示。

附图 1-9 普通热电偶的结构
1—接线盒；2—外保护管；3—热电偶；4—绝缘体

当采用电阻温度计或热电偶进行温度测量时,温度的显示方式可分为模拟显示和数字显示两类,其中数字显示回路的方框图如附图 1-10 所示。

附图 1-10 数字温度采集显示原理框图

在该系统中,温度传感器(电阻温度计或热电偶)的作用是直接感受被测介质的温度,并将其转换成与该温度对应的电阻或电势的模拟信号。前置放大器或温度变送器对传感器输出的信号进行增益调整并实现标度转换,然后送至模-数转换器 A/D 转换为数字信号,传送到控制电路里进行处理和显示。

二、温度的控制

物质的许多物理化学性质均与温度有关,许多物理化学过程参数的测定过程也常常需要在一定温度下进行,因此温度的控制对于物理化学实验有着非常重要的意义。

恒温槽是实验工作中最为常用的一种以液体为介质的恒温装置,根据温度控制范围,可用不同的液体介质,如附表 1-2 所示。

附表 1-2 不同温度控制范围所采用的液体介质

温度范围/℃	－60～30	0～90	80～160	70～300
液体介质	乙醇或乙醇水溶液	水	甘油或甘油水溶液	液体石蜡、汽缸润滑油、硅油

恒温槽由浴槽、搅拌器、温控器件、加热器组成,浴槽的作用是为浸在其中的研究体系提供一个恒温的环境；搅拌器的作用是促使浴槽内温度均匀；温控器件对浴槽内介质的温度进行测量和控制；加热器一般采用电阻丝加热棒,并与温控器件配合使用。目前物理化学实验所使用的恒温槽中常用的温控方式有位式控制和比例-积分-微分(PID)控制。

1. 位式控制

位式控制是最简单的温度控制方法。位式控制又称为开关控制,一般分为二位式温度控制和三位式温度控制。

（1）二位式温度控制-电接点温度计

二位式温度控制是最简单的位式控制，只有"全关"的接通供电功率和"全开"切断供电功率两种状态。二位式温度控制常用的温度控制开关是电接点温度计。

使用电接点温度计作为温控器件的恒温槽如附图1-11所示。

电接点温度计又称为导电表或汞定温计，是一种可以导电的特殊温度计，其作用相当于一个自动开关，用于控制浴槽所要求的温度，控制精度一般在±1℃。其结构示意图如附图1-12所示。

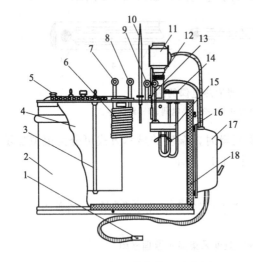
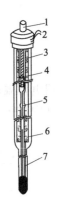

附图1-11 恒温槽的装置示意图
1—电源线；2—外壳；3—支架；4—恒温筒；5—恒温筒加水口；6—冷凝管；7—筒盖；8—水泵进水口；9—水泵出水口；10—温度计；11—电动机；12—水泵；13—试验筒加水口；14—加热元件接线盒；15—加热元件；16—搅拌；17—控制箱；18—保温层

附图1-12 电接点温度计
1—磁性螺旋调节器；2—电极引出线；3—上标尺；4—指示标铁；5—可调电极；6—下标尺；7—水银槽引出线

电接点温度计的上半部有一根可随磁性螺旋调节器转动的螺杆，其上端有一导线引出，成为温度计的一个电极。螺杆上还有一个指示标铁，其上沿可用于指示上标尺的刻度值。螺杆连有一根伸入毛细管中的钨丝，即可调电极5。当螺杆旋转时，标铁上下移动，同时带动钨丝上升或下降，由于钨丝下端所指示的下标尺的刻度值与标铁上沿指示上标尺的刻度值相同，因此标铁上沿所指示的度数即为所欲控制的温度值。值得注意的是，电接点温度计本身并不能用于直接测量温度，且加热器在停止加热后仍存在一定的余热，因此标铁的温度示值与实际控制温度有一定的差距，恒温槽的实际温度需由插在恒温槽中的精密温度计给出。温度计的下半部与普通水银温度计相似，但水银槽有一导线引出，成为温度计的另一个电极。两个电极与继电器相连。

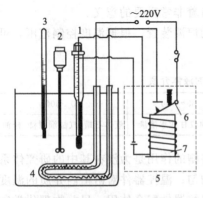

附图1-13 恒温槽控温原理示意图
1—电接点温度计；2—搅拌器；3—精密温度计；4—加热丝；5—继电器；6—衔铁；7—磁芯

为了达到控制温度的目的，电接点温度计需与继电器和加热器配合使用。工作原理图如附图1-13所示。

当浴槽温度升高时,电接点温度计的毛细管中水银柱上升与钨丝接触,两电极导通,继电器线圈中有电流通过而使磁芯产生磁场,并将衔铁吸住,加热器线路断开而停止加热。当浴槽温度下降时,电接点温度计的毛细管中水银柱下降与钨丝分离,两电极断开,继电器线圈中没有电流通过,衔铁被松开,加热器线路断开而停止加热。如此反复,使恒温槽控制在一个微小的温度区间波动,被测体系的温度也就限制在一个相应的微小区间内,从而达到恒温的目的。

使用电接点温度计作为控温器件的温度控制属于二位式温控类型,当恒温介质温度发生变化时,热量的传递使水银温度计中的水银柱上升或下降,以控制加热器的工作状态。由于热量的传递需要时间而常出现温度传递的滞后,结果使加热器附近介质的温度往往略高于或低于所设定的温度。因此,恒温槽控制的温度有一个波动范围,并不是控制在某一固定不变的温度。控温效果可以用灵敏度 Δt 表示:$\Delta t = \pm \dfrac{t_1 - t_2}{2}$,$t_1$ 为恒温过程中水浴的最高温度,t_2 为恒温过程中水浴的最低温度。

恒温槽的使用方法如下:

① 松开电接点温度计上方磁性螺旋调节器上的固定螺丝,旋转调节器使温度计内指示标铁的上沿升到接近所设定温度值处,然后旋紧固定螺丝固定住调节器。

② 打开恒温槽电源、搅拌器和加热器开关,此时指示灯亮表示开始加热,注意观察精密温度计读数。

③ 当水温接近电接点温度计所设定的温度时,如果恒温槽上指示灯灭,表示加热停止。此时观察精密温度计上读数是否真正达到设定的温度。如已达到设定温度值,可关闭加热器开关。若未达到,则重新松开电接点温度计上方磁性螺旋调节器上的固定螺丝,将调节器稍作旋转,根据精密温度计与控制的温度差值的大小,进一步调节钨丝尖端的位置。反复进行,直至达到指定温度为止。

(2) 数字式温度控制仪

位式温度控制除了使用电接点温度计作为温控器件外,还可使用数字温度控制仪实现对温度的控制,其工作原理框图如附图 1-14 所示。

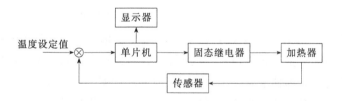

附图 1-14 数字式温度控制仪原理方框图

数字温度控制仪工作时将温度传感器对恒温槽温度进行采样和数字转换,然后将测量结果传送给单片机,单片机将输入的测量结果与温度设定值进行比较,根据比较结果通过固态继电器对加热器的通、断状态进行控制。为了消除温度传感器对温度测量的非线性,在测量回路中还可以增加一负反馈电路,对测量信号进行非线性补偿,以增加温度测量和控制的精确程度。

2. PID 控制

PID(Propotional-Intigrate-Differential)控制是比例-积分-微分控制的简称,它能根据控制量的实际值与设定值的偏差来计算下一步的控制量,以实现对被控量的精确控制。例如在温度控制过程中采用 PID 调节器能够使加热器的电流随温度实际值与设定值之间偏差信号的大小作出相应的变化，从而达到较高的控温精度。

在 PID 温度调节器中，比例控制单元（P）的作用是当设定温度值与实际温度值之间存在偏差 Δe 时，输出控制信号使加热器的加热功率随偏差信号 Δe 按一定的比例变化以减少偏差。这种比例调节作用能使控温区域的温度迅速达到设定值。但当温度到达设定值后，偏差为零，加热电流则按比例调节为零，这样就不能及时补偿控温区域因向环境散热而造成的温度下降，为此需同时设置积分调节。积分控制单元（I）的作用紧密跟踪偏差 Δe 的变化，并在 Δe 不为零时能累计输出控制信号，使控制信号的变化率与输入的偏差信号 Δe 成正比。在偏差信号的累计输出驱动下，迫使 Δe 最终趋近于零。微分控制单元（D）的作用则是可以"预测"偏差变化的趋势，使输出的控制信号与输入的偏差信号 Δe 的变化率成正比，在系统加热的初期或当系统受到外界干扰而造成温度突然降低时，微分调节作用能够输出比单纯比例调节更大的加热电流，以提高加热速度或调高加热电流，抵消外界因素的影响，减小超调、消除振荡。

恒温槽 PID 温度控制工作原理如附图 1-15 所示。

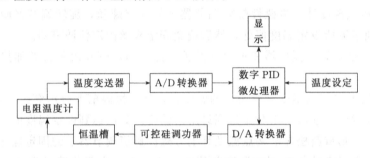

附图 1-15　恒温槽 PID 温度控制工作原理方框图

用温度传感器测量恒温槽温度，所得模拟信号经转换为数字信号后送入数字 PID 微处理器进行比较和调节，然后输出数字控制信号，并通过数/模转换器将数字量转换为模拟量，推动执行器对恒温槽加热器进行控制。在温度控制过程中，比例调节（P）单元将根据恒温槽实际温度与设定温度之间的偏差大小按比例相应调整恒温槽加热器的加热功率，从而使偏差消除。当恒温槽温度达到设定值时，偏差为零，加热电流也随之为零。要使恒温槽的温度能在设定温度处稳定下来，必须使加热器继续给出一定热量，以补偿恒温槽与环境热交换产生的热量损耗。这时需要加入积分调节，也就是输出控制电压与偏差信号电压与时间的积分成正比，只要有偏差存在，即使非常微小，经过长时间的积累，就会有足够的信号去改变加热器的电流，维持恒温槽与环境的热平衡。而微分调节作用是根据偏差变化的速率提前给出较大的调节作用，大大减小了恒温槽的动态偏差量及调节过程的时间，保持恒温槽的温度稳定。

PID 控制的原理及线路分析比较复杂，请参阅有关专门著作。

附录二

压力测量技术简介

压力是指均匀垂直作用于单位面积上的力，即压强。国际单位制（SI）用帕斯卡作为通用的压力单位，以 Pa 或帕表示。当作用于 $1m^2$ 面积上的力为 1N 时就是 1Pa：

$$Pa = \frac{N}{m^2}$$

帕斯卡与其他非国际单位制（SI）压力单位之间的换算关系见附表 2-1。

附表 2-1　常用压力单位换算表

压力单位	Pa	kg·cm^{-2}	atm	bar	mmHg
Pa	1	1.019716×10^{-2}	0.9869236×10^{-5}	1×10^{-5}	7.5006×10^{-3}
kg·cm^{-2}	9.800665×10^{-4}	1	0.967841	0.980665	753.559
atm	1.01325×10^5	1.03323	1	1.01325	760.000
bar	1×10^5	1.019716	6.986923	1	750.062
mmHg	133.3224	1.35951×10^{-3}	1.3157895×10^{-3}	1.33322×10^{-3}	1

除了所用单位不同之外，压力还可用绝对压力、表压和真空度来表示。附图 2-1 说明三者的关系。

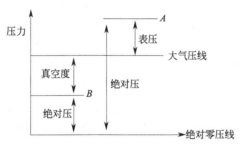

附图 2-1　绝对压力、表压与真空度的关系

当压力高于大气压时：绝对压＝大气压＋表压
或　　　　　　　　　表压＝绝对压－大气压
当压力低于大气压时：绝对压＝大气压－真空度
或　　　　　　　　　真空度＝大气压－绝对压

一、福廷式气压计

1. 福廷式气压计的构造及使用方法

福廷式气压计是实验室中普遍用于测量大气压力的压力计，其构造如附图 2-2 所示。

福廷式气压计的外部是一黄铜管，管的顶端有悬环，可将气压计垂直悬挂。气压计内部是一根一端封闭的装有水银的长玻璃管。玻璃管封闭的一端向上，管中汞面的上部为真空，管下端插在水银槽内。

水银槽底部是一羚羊皮袋，下端由螺栓支持，转动此螺旋可调节槽内水银面的高低。水银槽的顶盖上有一倒置的象牙针，其针尖是黄铜标尺刻度的零点。此黄铜标尺上附有游标尺，转动游标调节螺旋，可使游标尺上下游动。

福廷式气压计的使用方法如下：

（1）调节水银槽内的水银面　慢慢旋转螺栓，调节水银槽内水银面的高度，使槽内水银面升高。利用水银槽后面磁板的反光，观察水银面与象牙尖的空隙，直至水银面与象牙尖刚

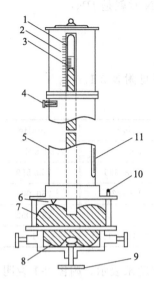

附图 2-2 福廷式气压计
1—玻璃管；2—黄铜标尺；3—游标尺；4—调节螺栓；5—黄铜管；6—象牙针；7—汞槽；8—羚羊皮袋；9—调节汞面的螺栓；10—气孔；11—温度计

刚接触，然后用手轻轻扣一下铜管上面，使玻璃管上部水银面凸面正常。稍等几秒，待象牙针尖与水银面的接触无变动为止。

(2) 调节游标尺　转动气压计旁的调节螺栓，使游标尺升起，并使下沿略高于水银面。然后慢慢调节游标，直到游标尺底边及其后边金属片的底边同时与水银面凸面顶端相切。这时观察者眼睛的位置应和游标尺前后两个底边的边缘在同一水平线上。

(3) 读取汞柱高度　当游标尺的零线与黄铜标尺中某一刻度线恰好重合时，则黄铜标尺上该刻度的数值便是大气压值，不须使用游标尺。当游标尺的零线不与黄铜标尺上任何一刻度重合时，那么游标尺零线所对标尺上的刻度，则是大气压值的整数部分。再从游标尺上找出一根恰好与标尺上的刻度相重合的刻度线，则游标尺上刻度线的数值便是气压值的小数部分。黄铜标尺用 mbar（毫巴）即 0.1kPa 分度，借助游标尺可读到 0.01kPa。

(4) 整理工作　记下读数后，将气压计底部螺旋向下移动，使水银面离开象牙针尖，同时记下气压计的温度。

2. 气压计读数的校正

由于黄铜标尺的长度与水银的密度均与温度有关，且重力加速度与纬度有关，因此气压计上大气压力的读数值需作温度、重力加速度以及本身误差的校正。

(1) 温度影响的校正　当温度升高时，水银的密度的变化将引起气压计读数偏高，而黄铜标尺的热胀冷缩则引起读数偏低。由于水银的膨胀系数较铜管的大，因此当温度高于 0℃ 时，经仪器校正后的气压值应减去温度校正值；当温度低于 0℃ 时，要加上温度校正值。气压计的温度校正公式为

$$p_0 = \frac{1+\beta t}{1+\alpha t}p = p - p\frac{\alpha-\beta}{1+\alpha t}t$$

式中，p 为气压计读数；t 为气压计的温度，℃；α 为水银柱在 0~35℃ 之间的平均体胀系数（$\alpha=0.0001818/℃$）；β 为黄铜的线胀系数（$\beta=0.0000184/℃$）；p_0 为读数校正到 0℃ 时的气压值。显然，温度校正值即为 $p\dfrac{\alpha-\beta}{1+\alpha t}$。其数值列有数据表，实际校正时，读取 p、t 后可在有关手册上查阅"气压计读数的温度校正值"后求得。

(2) 重力加速度校正　重力加速度校正公式为

$$\Delta p_0 = p_0(1 - 0.0026\cos 2\theta - 3.14\times 10^{-7}H)$$

式中，p_0 为读数校正到 0℃ 时的气压值；θ 为纬度；H 为海拔高度，m。

(3) 仪器误差的校正　该项误差是由仪器本身所固有的，可由仪器出厂时所附有仪器误差的校正卡片加以校正。

3. 使用时注意事项

① 调节螺旋时动作要缓慢，不可旋转过急。

② 在调节游标尺与汞柱凸面相切时,应使眼睛的位置与游标尺前后下沿在同一水平线上,然后再调到与水银柱凸面相切。

③ 发现槽内水银不清洁时,要及时更换水银。

二、压力传感器

与温度的测量一样,压力的测量也可利用各种电参量式传感器、电子线路及仪器来进行。力学量传感器的种类繁多,应用较为普遍的有电阻式、电容式、压阻式、压电式、光纤式等。其中以金属应变片、压阻式力学量传感器、压电式力学量传感器应用最为广泛。

1. 应变式压力传感器

当一个物体在外力作用下产生变形时,其绝对变化量称为绝对变形,而单位长度上尺寸的变化称为相对变形,简称应变。应变可以用来描述物体尺寸变化的特性,如果有某种材料在其尺寸发生变化时,其电的性能也随之变化,并存在一定的函数关系,就可以将应变转换成为电量变化。这种能将机械构件上应变的变化转换为电阻变化的传感元件称为电阻应变片。可以用作电阻应变片材料的有金属丝、箔和半导体材料等。

用应变式压力传感器进行测量时应将应变片黏合在试件或传感器的弹性元件上,然后构成半桥或全桥电路。当弹性元件(或试件)受力后,产生应变,敏感栅的电阻发生变化,产生正比于力(或应变)的电压信号,测定电压就可确定力(或应变)的大小。用应变片测量应变是结构强度试验中最主要的手段,电阻应变式传感器占称重(电子秤)传感器的绝大多数。

2. 压电式压力传感器

压电式压力传感器是利用压电材料的压电效应而制成的。所谓压电效应是指某些晶体在受到外力作用时,不仅产生几何形变,而且内部也产生极化现象,同时在某两个表面上产生符号相反的电荷,当外力去掉后,又恢复到不带电状态,而且当作用力方向改变时,电荷的极性也随之改变,晶体受力所产生的电荷量与外力的大小成正比。因此压电传感器亦可以通过测量电压或电荷的大小来确定作用在其上的压力大小。

常用作压电式传感器的压电材料有压电晶体(如石英、酒石酸钾钠等)和压电陶瓷(如钛酸钡、锆钛酸铅等)。

压电式传感器主要应用于加速度、压力等物理量的测量中,亦可用作可逆型的机械能-电能换能器。需要注意的是,由于压电效应是压电式传感器的主要工作原理,因此压电式传感器只能用于动态测量。

3. 压阻式压力传感器

压力(力)-压阻效应,是指半导体材料(锗、硅等)受到力(压力)作用后,主要引起电阻率的变化而带来的电阻变化。值得指出的是,半导体 PN 结中的应变效应,比金属及半导体应变效应大得多,因此可做成性能优良的半导体力(压力)敏感器件,尤其适用于中、低温条件下中、低压力的测量。

部分物理化学实验中,使用了如 DP-AF、DP-AW、DP-AG 等型号的压力测量仪。

数字压力计用于测量待测系统压力,其工作原理方框图如附图 2-3 所示。

DP-AF 精密数字(真空)压力计量程为 $-101.3\sim0$ kPa。可测量系统的低真空压力,适应于饱和蒸气压的测量。DP-AW 精密数字(微差压)压力计量程为 $-10\sim10$ kPa,可测量微小压力,适用于表面张力测量实验。这两种仪器为表压传感器,以当时大气压为参考零压。

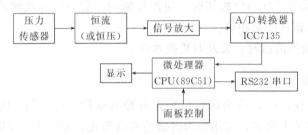

附图 2-3　数字压力计方框图

DP-AG 精密数字（气压）压力计量程为 0～101.3kPa，可测量大气压力。此仪器采用绝压传感器，以真空压力为参考零压。

以上几种仪器的压力传感器均采用单晶硅压力（力）-压阻效应材料组成电桥，当受到压力时，电桥上阻值发生变化，将之通过恒流源时可将压力信号变化为电压信号。但传感器有非线性，所以每台仪器要根据实际测量数据，将实际测量数据存入 CPU，将测量信号通过查表程序算得压力值。另外，在无压力时，电桥不能完全平衡，此时，显示有少量数值，故在测量前要将此值设置为零，从测量中扣除。

附录三

物理化学实验常用数据表

附表 3-1　SI 基本单位

量	单位名称	单位符号	量	单位名称	单位符号
长度	米	m	热力学温度	开[尔文]①	K
质量	千克	kg	物质的量	摩[尔]①	mol
时间	秒	s	发光强度	坎[德拉]①	cd
电流	安[培]①	A			

① 去掉方括号为单位的全称，去掉方括号中的字为单位的简称。

注：本表和附表 3-2～附表 3-5、附表 3-7 摘自印永嘉主编．物理化学简明手册．北京：高等教育出版社，1988．663．

附表 3-2　具有专门名称的 SI 导出单位

量	SI 导出单位			
	单位名称	单位符号	用 SI 单位	用 SI 基本单位
频率	赫[兹]	Hz	—	s^{-1}
力，重力	牛[顿]	N	—	$m \cdot kg \cdot s^{-2}$
压力，应力	帕[斯卡]	Pa	N/m^2	$m^{-1} \cdot kg \cdot s^{-2}$
能[量]，功，热量	焦[耳]	J	$N \cdot m$	$m^2 \cdot kg \cdot s^{-2}$
功率，辐射通量	瓦[特]	W	J/s	$m^2 \cdot kg \cdot s^{-3}$
电荷[量]	库[仑]	C	—	$s \cdot A$
电压，电动势电位（电势）	伏[特]	V	W/A	$m^2 \cdot kg \cdot s^{-3} \cdot A^{-1}$

续表

量	SI 导出单位			
	单位名称	单位符号	用 SI 单位	用 SI 基本单位
电容	法[拉]	F	C/V	$m^{-2} \cdot kg^{-1} \cdot s^4 \cdot A^2$
电阻	欧[姆]	Ω	V/A	$m^2 \cdot kg \cdot s^{-3} \cdot A^{-2}$
电导	西[门子]	S	A/V	$m^{-2} \cdot kg^{-1} \cdot s^3 \cdot A^2$
磁通量	韦[伯]	Wb	V·s	$m^2 \cdot kg \cdot s^{-2} \cdot A^{-1}$
磁通量密度,磁感应强度	特[斯拉]	T	Wb/m^2	$kg \cdot s^{-2} \cdot A^{-1}$
电感	亨[利]	H	Wb/A	$m^2 \cdot kg \cdot s^{-2} \cdot A^{-2}$
光通量	流[明]	lm	—	cd·sr
[光]照度	勒[克斯]	lx	lm/m^2	$m^{-2} \cdot cd \cdot sr$
放射性活动	贝可[勒尔]	Bq	—	s^{-1}
吸收剂量	戈[瑞]	Gy	J/kg	$m^2 \cdot s^{-2}$
摄氏温度	摄氏度	℃	—	K
剂量当量	希[沃特]	Sv	J/kg	$m^2 \cdot s^{-2}$

附表 3-3 压力单位换算表

压力单位	Pa	$kg \cdot cm^{-2}$	atm	mmHg
1Pa	1	1.019716×10^{-5}	9.86923×10^{-6}	7.5006×10^{-3}
$1 kg \cdot cm^{-2}$	9.80665×10^4	1	0.967841	735.559
1atm	1.01325×10^5	1.03323	1	760.000
1mmHg	133.3224	1.35951×10^{-3}	1.3157895×10^{-3}	1

附表 3-4 能量单位换算表

能量单位	J	cal	eV	cm^{-1}
1J	1	0.239006	6.241461×10^{18}	5.03404×10^{22}
1cal	4.184	1	2.611425×10^{19}	2.10624×10^{23}
1eV	1.602189×10^{-19}	3.829326×10^{-20}	1	8.065479×10^3
$1 cm^{-1}$	1.98648×10^{-23}	4.74778×10^{-24}	1.239852×10^{-4}	1

附表 3-5 一些物理化学常数

常数名称	符号	数值	单位
真空中的光速	c_0	2.99792458×10^8	$m \cdot s^{-1}$
基本电荷	e	$1.60217733 \times 10^{-19}$	C
普朗克常数	h	$6.6260755 \times 10^{-34}$	J·s
阿伏伽德罗常数	N_A	6.0221367×10^{23}	mol^{-1}
法拉第常数	F	96485.309	$C \cdot mol^{-1}$
摩尔气体常数	R	8.314510	$J \cdot K^{-1} \cdot mol^{-1}$
玻尔兹曼常数	k	1.380658	$J \cdot K^{-1}$

附表 3-6　元素的相对原子量表（1997）

Ar (^{12}C) = 12

元素符号	元素名称	相对原子质量	元素符号	元素名称	相对原子质量	元素符号	元素名称	相对原子质量
Ag	银	107.8682(2)	He	氦	4.002602(2)	Pt	铂	195.078(2)
Al	铝	26.981538(2)	Hf	铪	178.49(2)	Rb	铷	85.4678(3)
Ar	氩	39.948(1)	Hg	汞	200.59(2)	Re	铼	186.207(1)
As	砷	74.92160(2)	Ho	钬	164.93032(2)	Rh	铑	102.90550(2)
Au	金	196.96655(2)	I	碘	126.90447(3)	Ru	钌	101.07(2)
B	硼	10.811(7)	In	铟	114.818(3)	S	硫	32.066(6)
Ba	钡	137.327(7)	Ir	铱	192.217(3)	Sb	锑	121.760(1)
Be	铍	9.012182(3)	K	钾	39.0983(1)	Sc	钪	44.955910(8)
Bi	铋	208.98038(2)	Kr	氪	83.80(1)	Se	硒	78.96(3)
Br	溴	79.904(1)	La	镧	138.9055(2)	Si	硅	28.0855(3)
C	碳	12.0107(8)	Li	锂	6.941(2)	Sm	钐	150.36(3)
Ca	钙	40.078(4)	Lu	镥	174.967(1)	Sn	锡	118.710(7)
Cd	镉	112.411(8)	Mg	镁	24.3050(6)	Sr	锶	87.62(1)
Ce	铈	140.116(1)	Mn	锰	54.938049(9)	Ta	钽	180.9479(1)
Cl	氯	35.4527(9)	Mo	钼	95.94(1)	Tb	铽	158.92534(2)
Co	钴	58.93320(1)	N	氮	14.00674(7)	Te	碲	127.60(3)
Cr	铬	51.9961(6)	Na	钠	22.989770(2)	Th	钍	232.0381(1)
Cs	铯	132.90545(2)	Nb	铌	92.90638(2)	Ti	钛	47.867(1)
Cu	铜	63.546(3)	Nd	钕	144.24(3)	Tl	铊	204.3833(2)
Dy	镝	162.50(3)	Ne	氖	20.1797(6)	Tm	铥	168.93421(2)
Er	铒	167.26(3)	Ni	镍	58.6934(2)	U	铀	238.0289(1)
Eu	铕	151.964(1)	O	氧	15.9994(3)	V	钒	50.9415(1)
F	氟	18.9984032(5)	Os	锇	190.23(3)	W	钨	183.84(1)
Fe	铁	55.845(2)	P	磷	30.973761(2)	Xe	氙	131.29(2)
Ga	镓	69.723(1)	Pa	镤	231.03588(2)	Y	钇	88.90585(2)
Gd	钆	157.25(3)	Pb	铅	207.2(1)	Yb	镱	173.04(3)
Ge	锗	72.61(2)	Pd	钯	106.42(1)	Zn	锌	65.39(2)
H	氢	1.00794(7)	Pr	镨	140.90765(3)	Zr	锆	91.224(2)

附表 3-7　不同温度下水的饱和蒸气压

$t/℃$	Pa	$t/℃$	Pa	$t/℃$	Pa	$t/℃$	Pa
0	610.5	26	3360.9	52	13611	78	43636
1	656.7	27	3564.9	53	14292	79	45463
2	705.8	28	3779.6	54	15000	80	47343
3	757.9	29	4005.4	55	15737	81	49289
4	813.4	30	4242.9	56	16505	82	51316
5	872.3	31	4492.3	57	17308	83	53409
6	935	32	4754.7	58	18142	84	55569
7	1001.7	33	5030.1	59	19012	85	57808
8	1072.6	34	5319.3	60	19916	86	60115
9	1147.8	35	5622.9	61	20856	87	62488
10	1227.8	36	5941.2	62	21834	88	64941
11	1312.4	37	6275.1	63	22849	89	67474
12	1402.3	38	6625.1	64	23906	90	70096
13	1497.3	39	6991.7	65	25003	91	72801
14	1598.1	40	7375.9	66	26143	92	75592
15	1704.9	41	7778	67	27326	93	78474
16	1817.7	42	8199	68	28554	94	81447
17	1937.2	43	8639	69	29828	95	84513
18	2063.4	44	9100	70	31157	96	87675
19	2196.8	45	9583	71	32517	97	90935
20	2337.8	46	10086	72	33944	98	94295
21	2486.5	47	10612	73	35424	99	97757
22	2643.4	48	11160	74	36957	100	101325
23	2808.8	49	11735	75	38544		
24	2983.4	50	12334	76	40183		
25	3167.2	51	12959	77	41876		

附表 3-8　一些物质的饱和蒸气压与温度的关系

表中所列物质的蒸气压可以用以下方程计算：

$$\lg \frac{p}{\text{kPa}} = a - \frac{b}{c + t/℃}$$

物　　质	适用温度范围/℃	a	b	c
水 H_2O	10～168	7.07406	1657.46	227.02
四氯化碳 CCl_4	−20～101	6.01896	1219.58	227.16
三氯甲烷 $CHCl_3$	−13～97	6.0620	1171.2	226.99
醋酸 $C_2H_4O_2$	15～157	6.42452	1479.02	216.82
甲醇 CH_4O	−16～91	7.19736	1574.99	238.86
乙醇 C_2H_6O	−3～96	7.33827	165.05	256.05

续表

物 质	适用温度范围/℃	a	b	c
异丙醇 C_3H_8O	$-1\sim 101$	7.24313	1580.92	219.61
正丁醇 $C_4H_{10}O$	$14\sim 131$	6.60172	1362.39	178.72
丙酮 C_3H_6O	$-33\sim 77$	6.35647	1277.03	237.23
乙酸乙酯 $C_4H_8O_2$	$-13\sim 112$	6.13950	1211.900	216.010
苯 C_6H_6	$-16\sim 104$	6.03055	1211.033	220.790
环己烷 C_6H_{12}	$6\sim 105$	5.96407	1200.31	222.504
苯甲酸 $C_7H_6O_2$	$132\sim 287$	6.5789	1820.0	147.96
萘 $C_{10}H_8$	$87\sim 250$	6.13555	1733.71	201.859

摘自：王汉松主编.石油化工设计手册.第1卷.石油化工基础数据.北京：化学工业出版社,2001.688.

附表 3-9 一些有机化合物的密度与温度的关系

表中所列物质的密度可以用以下方程计算：

$$\rho_t/\text{g}\cdot\text{mL}^{-1} = \rho_0/\text{g}\cdot\text{mL}^{-1} + 10^{-3}\alpha\,(t/\text{℃}) + 10^{-6}\beta\,(t/\text{℃})^2 + 10^{-9}\gamma\,(t/\text{℃})^3$$

式中，ρ_0 为0℃时的密度；ρ_t 为 $t/\text{℃}$ 时的密度。

物质	温度范围/℃	ρ_0	α	β	γ
四氯化碳 CCl_4	$10\sim 40$	1.63255	-1.9110	-0.690	
氯仿 $CHCl_3$	$-53\sim 55$	1.52643	-1.8563	-0.5309	-8.81
甲醇 CH_4O		0.80909	-0.9253	-0.41	
乙醇① C_2H_6O	$10\sim 40$	0.78506	-0.8591	-0.56	-5
丙酮 C_3H_6O	$0\sim 50$	0.81248	-1.1	-0.858	
乙酸乙酯 $C_4H_8O_2$	$0\sim 40$	0.92454	-1.168	-1.95	20
苯 C_6H_6	$11\sim 72$	0.90005	-1.0638	-0.0376	-2.213

① 0.78506 为25℃时的密度，应用上述方程进行计算时，温度应该用 $(t-25)$ 项代入。

摘自：复旦大学等编.物理化学实验.第2版.北京：高等教育出版社,1980.448.

附表 3-10 一些溶剂的凝固点及凝固点降低常数

物质	t_f/℃	K_f/℃·kg·mol^{-1}	物质	t_f/℃	K_f/℃·kg·mol^{-1}
水 H_2O	0	1.853	萘 $C_{10}H_8$	80.29	6.94
四氯化碳 CCl_4	-22.95	29.8	环己烷 C_6H_{12}	6.54	20.0
溴仿 $CHBr_3$	8.05	14.4	环己醇 $C_6H_{12}O$	6.544	39.3
醋酸 $C_2H_4O_2$	16.66	3.90	樟脑 $C_{10}H_{16}O$	178.75	37.7
苯 C_6H_6	5.533	5.12			

摘自：印永嘉主编.物理化学简明手册.北京：高等教育出版社,1988.157.

附表 3-11 一些离子在无限稀释水溶液中的摩尔电导率 Λ_m^∞/S·m^2·mol^{-1}

离子	t/℃			
	0	18	25	100
H^+	0.0225	0.0315	0.03497	0.0637
K^+	0.00403	0.00646	0.007350	0.0200

续表

离子	$t/℃$			
	0	18	25	100
Na^+	0.002582	0.00435	0.005010	0.0150
NH_4^+	0.00403	0.0064	0.00737	0.01843
Ag^+	0.0033	0.005436	0.00619	0.0180
$\frac{1}{2}Ba^{2+}$	0.00336	0.00543	0.00637	0.0200
$\frac{1}{2}Ca^{2+}$	0.00308	0.0051	0.00595	0.0187
$\frac{1}{2}Mg^{2+}$	0.00285	0.0046	0.005306	0.0170
$\frac{1}{3}Al^{3+}$	0.0029	—	0.0063	—
$\frac{1}{3}La^{3+}$	0.00350	0.00592	0.00697	0.0220
OH^-	0.0105	0.0174	0.01976	0.0446
Cl^-	0.00414	0.00655	0.00763	0.0207
NO_3^-	0.00402	0.00617	0.007142	0.0189
$CH_3CO_2^-$	0.0020	0.0034	0.0041	0.0130
SCN^-	0.00417	0.00566	0.00665	—
$\frac{1}{2}SO_4^{2-}$	0.0041	0.00683	0.00798	0.0256
$\frac{1}{2}CO_3^{2-}$	0.0036	0.00605	0.00693	—

本表和附表 3-12 摘自：朱元保，沈子琛等编．电化学数据手册．长沙：湖南科学技术出版社，1985.541.

附表 3-12　不同温度下 KCl 水溶液的电导率 $\kappa/S·m^{-1}$

$t/℃$	$c/mol·L^{-1}$			$t/℃$	$c/mol·L^{-1}$		
	0.01	0.10	1.0		0.01	0.10	1.0
1	0.0800	0.715	6.713	16	0.1173	1.072	9.441
2	0.0824	0.736	6.886	17	0.1199	1.095	9.631
3	0.0848	0.757	7.061	18	0.1225	1.119	9.822
4	0.0872	0.779	7.237	19	0.1251	1.143	10.041
5	0.0896	0.800	7.414	20	0.1278	1.167	10.207
6	0.0921	0.822	7.593	21	0.1305	1.191	10.400
7	0.0945	0.844	7.773	22	0.1332	1.215	10.554
8	0.0970	0.866	7.954	23	0.1359	1.239	10.789
9	0.0995	0.888	8.136	24	0.1386	1.264	10.984
10	0.1020	0.911	8.319	25	0.1413	1.288	11.180
11	0.01045	0.933	8.504	26	0.1441	1.313	11.377
12	0.01070	0.956	8.389	27	0.1468	1.337	11.574
13	0.01095	0.979	8.876	28	0.1496	1.362	—
14	0.1121	1.002	9.063	29	0.1524	1.387	—
15	0.1147	1.025	9.252	30	0.1552	1.412	—

附表 3-13　25℃时常用参比电极的电极电势及温度系数

电极	体系	E/V	$\dfrac{dE}{dT}/mV\cdot K^{-1}$
饱和甘汞电极	$Hg，Hg_2Cl_2\|$饱和 KCl	0.2415	−0.761
标准甘汞电极	$Hg，Hg_2Cl_2\|1mol\cdot L^{-1}KCl$	0.2800	−0.275
$0.1mol\cdot L^{-1}$甘汞电极	$Hg，Hg_2Cl_2\|0.1mol\cdot L^{-1}KCl$	0.3337	−0.875
银-氯化银电极	$Ag，AgCl\|0.1mol\cdot L^{-1}KCl$	0.290	−0.3
氧化亚汞电极	$Hg，HgO\|0.1mol\cdot L^{-1}KOH$	0.165	
硫酸亚汞电极	$Hg，Hg_2SO_4\|1mol\cdot L^{-1}H_2SO_4$	0.6758	−0.7

本表和附表 3-14 摘自：复旦大学等编. 物理化学实验. 第 2 版. 北京：高等教育出版社，1980. 454.

附表 3-14　一些化合物的摩尔磁化率

化合物	T/K	$\chi_M/10^{-9}m^3\cdot mol^{-1}$	化合物	T/K	$\chi_M/10^{-9}m^3\cdot mol^{-1}$
$FeSO_4\cdot H_2O$	293.5	140.7	C_2H_6O	293	−0.4222
$K_3Fe(CN)_6$	297	28.78	CH_3H_8O	293	−0.7216
$K_4Fe(CN)_6$	室温	−1.634	$C_4H_{10}O$	293	−0.7105
$K_4Fe(CN)_6\cdot 3H_2O$	室温	−2.165	$C_6H_{14}O$	293	−0.9953
$NH_4Fe(SO_4)_2\cdot 12H_2O$	293	182.2	$C_8H_{18}O$	293	−1.290

附表 3-15　一些液体的介电常数

物质	ε 20℃	ε 25℃	温度系数 $\alpha=-10^2\dfrac{d\varepsilon}{dt}$	适用温度范围 /℃
水 H_2O	80.37	78.54	0.00200	15~20
四氯化碳 CCl_4	2.238	2.228	0.0020	−10~60
氯仿 $CHCl_3$	4.805		0.160	0~50
乙醇 C_2H_6O		24.30		
正丁醇 $C_4H_{10}O$	17.8		0.300①	−40~20
丙酮 C_3H_6O		20.70	0.205①	−60~40
乙酸甲酯 $C_3H_6O_2$		6.68	2.2	25~40
乙酸乙酯 $C_4H_8O_2$		6.05	1.5	25
环己烷 C_6H_{12}	2.023	2.015	0.0016	15~30
苯 C_6H_6	2.284	2.274	0.0020	15~30
二硫化碳 CS_2	2.641		0.268	−90~130

① $\alpha=-10^2\dfrac{d\lg\varepsilon}{dt}$。

本表和附表 3-16 摘自：印永嘉主编. 物理化学简明手册. 北京：高等教育出版社，1988. 433.

附表 3-16　气相中分子的偶极矩

物质	$\mu/10^{-30}C\cdot m$	$\mu/Debye$①	物质	$\mu/10^{-30}C\cdot m$	$\mu/Debye$①
四氯化碳 CCl_4	0	0	乙酸甲酯 $C_3H_6O_2$	5.74	1.72
氯仿 $CHCl_3$	3.37	1.01	乙酸乙酯 $C_4H_8O_2$	5.94	1.78
乙醇 C_2H_6O	5.64	1.69	醋酸 $C_2H_4O_2$	5.80	1.74
正丁醇 $C_4H_{10}O$	5.54	1.66	苯 C_6H_6	0	0
丙酮 C_3H_6O	9.61	2.88	水 H_2O	6.17	1.85

① 按 1 Debye=3.33564 $C\cdot m$ 换算。

参 考 文 献

[1] 复旦大学等编，庄继华等修订．物理化学实验讲义．第 3 版．北京：高等教育出版社，2005．
[2] 罗澄源，向明礼，等．物理化学实验．第 4 版．北京：高等教育出版社，2004．
[3] 东北师范大学，等．物理化学实验．第 2 版．北京：高等教育出版社，1989．
[4] 北京大学化学学院物理化学实验教学组．物理化学实验．第 4 版．北京：北京大学出版社，2009．
[5] 孙尔康，等．物理化学实验．南京：南京大学出版社，1998．
[6] 浙江大学，等．新编大学化学实验．北京：高等教育出版社，2002．
[7] 刘寿长，徐顺．物理化学实验与技术．郑州：郑州大学出版社，2004．
[8] 霍冀川．化学综合设计实验．北京：化学工业出版社，2008．
[9] 董迫传，郑新生．物理化学实验指导．郑州：郑州大学出版社，1997．
[10] 姜忠良，陈秀云．温度的测量与控制．北京：清华大学出版社，2005．
[11] 叶卫平，方安平，于本方．Origin 7.0 科技绘图及数据分析．北京：机械工业出版社，2004．
[12] 傅献彩，等．物理化学．第 5 版．北京：高等教育出版社，2006．
[13] 印永嘉，奚正楷，张树永，等．物理化学．第 4 版．北京：高等教育出版社，2007．
[14] 王保和，孟京华，彭丽．颗粒沉降分析的计算机数据处理．化学世界，1995，(1)：37．
[15] 李小平，杨静静，袁维兰．沉降分析实验的一种数据处理方法．大学化学，1991，(6)：34．
[16] 周公度，段连运．结构化学基础．第 3 版．北京：北京大学出版社，2002．
[17] 徐光宪，王祥云．物质结构．第 2 版．北京：高等教育出版社，1987．
[18] 江元生．结构化学．北京：高等教育出版社，1997．
[19] 潘道垲，赵成大，郑载兴．物质结构．第 2 版．北京：高等教育出版社，1989．
[20] Rauk A. Orbital Interaction Theory of Organic Chemistry. 2nd Edition. John Wiley & Sons, Inc. 2001.
[21] 波普尔．分子轨道近似方法理论．北京：科学出版社，1978．
[22] Jursic B S. J. Mol. Struct (Theochem). 1999, 465: 173-182.
[23] 符小文，张惠琼．乙酰水杨酸水解反应速率常数及活化能的测定．海南医学院学报，1996，(2)：58．
[24] 任晓棠，王孜雁．乙酰水杨酸水解反应速率常数及活化能的测定的实验设计．本溪冶金高等专科学校学报，2004，(5)：44．
[25] 吴树森，章燕豪．界面化学－原理与应用．上海：华东化工学院出版社，1989．
[26] 郑树亮，黑恩成．应用胶体化学．上海：华东理工大学出版社，1996．
[27] 武艳丽，尚贞锋，赵鸿喜．电导法测定水溶性表面活性剂临界胶束浓度实验的改进．实验技术与管理，2006，(2)：29．
[28] 清华大学化学系物理化学编写组．物理化学实验．北京：清华大学出版社，1992．
[29] 武汉大学化学与分子科学学院实验中心．物理化学实验．武汉：武汉大学出版社，2004．
[30] 崔学桂，胡青萍．基础化学实验（Ⅰ）—无机及分析实验．第 2 版．北京：化学工业出版社，2007．
[31] 陆根土，王中庸．无机化学实验教学指导丛书．北京：高等教育出版社，1992．
[32] Levine Ira N. Quantum Chemistry. Fifth Edition. Pearson Education and World Publishing Coporation, 2004.